# 亚洲庭园的
# 设计与布置

［德］奥利弗·凯普　著

刘晓静　译

U0387256

北 京 出 版 集 团
北京美术摄影出版社

令人心仪的
庭园

# 亚洲情调

亚洲是一个令人神往的大陆，它丰富而悠久的庭园史更令世人惊奇。拥有亚洲式庭园，使您足不出户即可拥有延伸至远方的世界。

每个迷恋庭园的人，都会因不堪忍受某种固定模式的生活而写下如此的肺腑之言：距离之苦是最美丽的痛。每个对庭园感兴趣的人都不会此时此地就扎下根来，而是期望寻找某个地方，使自己梦想的生活画卷得以实现。我们想拥有一处庭园——这是给自己的世界，使自己摆脱日常事务在此放松身心，没有现实中的忧虑和棘手的问题。因此设计庭园的任务在于充满着爱，体现个性，人园合一。

## 潜入陌生世界

想在庭园创造一个崭新天地的人，缘于对陌生世界的向往。比如在北德建造一个地中海式的庭园，在城市建一个乡村庭园或者在德国、奥地利、瑞士建一个亚洲式庭园，人们对异域文化有极大的兴趣和好奇心，试图接近和了解陌生的文化。写一本关于亚洲庭园的书，是为了缩短时空的距离，移万物之情于心胸。有两方面因素使这项工作变得艰难：一是亚洲大陆范围的界定，二是其悠久的庭园史没能完整保存至今。想到亚洲庭园，您肯定首先想到中国和日本，想到平整的碎石路，美丽如画的石景和形状完美的各类植物；头脑中或许还有苔藓覆盖小丘、明净的水塘、别致的月亮门、石灯塔等画面。

不仅是中国和日本，如印度、波斯，这些远古文化的发祥地拥有奢华繁复风格的庭园，相对于日本的简朴，你会领略到莫卧儿王朝（16世纪建立于印度的伊斯兰教王朝）时期的艺术宫殿式的庭园，它博采众长，把中国乃至欧洲的影响互相交织于一体，有人们喜欢的创意。中国和日本的庭园在欧洲留下深深的烙印，直到今天还激励人们去效仿，神奇的亚洲庭园之旅即将拉开序幕。

即便是亚洲人的日常生活用具，也让欧洲人痴迷

## 神奇的亚洲庭园之旅开始了……

想设计并拥有一个庭园，这其实表达了您希望每天身在其中，和它共同生活的动机——这个让您陌生却又痴迷的世界首先是为您专属的，也因而是个性化的。您会发问：我想达到怎样的效果？一个原创风格的庭园还是夹杂着异域风情、体现个人品位、带着过往回忆的画卷……总而言之，是原创的或一定意义上原创的。很多例证表明，日本风格的庭园是难以接近的，归根到底很简单：因为事实上具体固定的日式庭园风格是不存在的，而是在不同历史阶段各不相同。据我的经验判断，只有凤毛麟角的庭园才真正符合日式风格，那些表面上相似，或者没有经验的观赏者无法区分是哪种风格的设计，其实已经缺乏了核心的、无法简单替代的元素，即带着宗教色彩和哲学思想的独立设计要素。

### 哲学和庭园

哲学是中国庭园文化诞生的基础，随后的日本也如出一辙。中国的先哲们的哲学思想得以继续发展和广泛流传，如果您不深入研究道教、佛教、印度教，就无法真正理解亚洲庭园的风格。

从茶舍向窗外眺望，中式
庭园风光展现在眼前

在此，我只得用这般抽象的语言来表达，因为我在母语中还无法找到一个词语可以描述理解和智慧之间不可分割的联系。欧洲人总是习惯寻求各种解释，找出种种理由去了解各种关联；在中国和日本，人们通过某种途径最终达到目标，一路上存在的"站点"则被忽略。达到最深刻的理解，不是要知道每一个细节，而是整体全面的理解。庭园恰是一个例子，每个庭园都有共同点，它们都是由自然元素诸如水、植物、石块构成的，知道这一点，对我们理解其关联性是有很大帮助的。人是世界的一部分，因而必须接受：我们担当的角色也只是一部分。

## 承认区别

欧洲的庭园文化有别于亚洲的庭园艺术。西方的庭园是基于以下理解而产生的：人是完美的上帝宠儿，能使上帝的创造听命于自己，能主宰这地球上其他有生命的一切。几百年来我们的庭园艺术家们一直以此来包裹自己，首先让庭园对自然进行掠夺。请您想一下凡尔赛宫，当年的法国国王为了建造一个巴洛克式的庭园，在根本不适合建造园林的汲水地基上蛮干，就是一个典型的例证。自然界直到今天还必须被束缚，否则我们将无法对付它。我们修建草坪，砍伐

左图：中式的月亮门象征着圆满。人们穿过月亮门走入
一个新的空间

日式的景观庭园在全世界都受到喜爱，这是来自北美的一个成功范例

## 自然作为样本

中国和日本的庭园恰恰和自然画面一致，人们把精力用到设计尤其是养护方面。诸如地形、树丛这些自然模式，把它们融为一体并赋予风格。中国人和日本人很明白：一个庭园要集中表达一个本质的主题。这里又与我们的语言有冲突。欧洲人喜欢这样理解：本质不是最重要的，事物的核心才最重要，这是观念上的天差地别。但不管怎么样，研究亚洲庭园为我们打开通向神奇国度的这扇门带来一线希望的曙光。

我要坚定地鼓励你们，张开自己想象的翅膀，描绘一幅亚洲庭园的画面，无须涉及任何宗教和历史的解释。纯粹主义者甚至可以让专家设计比如日式的无水庭园。

树木、灌木丛，还把我们自家庭园里不想要的植物焚烧掉；我们还在现实中制造悲剧。害虫、植物疾病等本是庭园的特质，是自然存在的，因为人们不正确的态度而被夸大。单就灭掉蜗牛这个论题，其实在日本是不存在的。看看事实上映入我们眼帘的：庭园展现一幅艺术画卷，一个立于自然之外的独立空间。现代设计的庭园，既有新意又沿袭历史，华丽的灌木花坛，形状完美的树丛，所有的一切都有别于自然。

右图：这个日式池塘庭园是有机组合形式的典型范例—— 即便杜鹃花被修剪得有严格外形

您可以以某种样式为基础，确定一个设计方向，加之个人的创意。如所看到的，对日式庭园的解读正是我们缺少的，没有想象单凭从看到的理解，肯定是远远不够的。欧洲的庭园史一直以来显示出把自己对事物的观点加入其中一定会有丰富的成果。英国人就曾这样做，把中国元素拿来作为庭园装饰，与他们的设计理念融为一体，但其宗教和哲学含义并未一并引入。

比方，我们径直去吃中式或印度美食，之前并没有导游给我们介绍这些国家，对它们的文化也并不熟悉，我们去那里只是因为美食和氛围的诱惑。同样您的庭园设计要首先听凭您内心的需求进而转化为现实。您这样做绝不是孤立的，不乏智者与您持一致观点。

## 走自己的路

这种理念是完全正确的，就这样进行您的亚洲风格的庭园设计吧！如果您想拥有日式庭园，您大可不必因为忽略它的设计原则而羞愧。打个

单单享受一个庭园的魅力而并不理解它，这种要求是完全正当的、同时也是一种传统。我想给您打开众多的样本，展示各种情形并阐明哪些是可以用于私人庭园的，或许就适合您的需求。为了简便起见，我把欧亚风情的庭园总结为三类：古典的、现代的和充满幻想的。这能让您足不出户就享受到一个陌生又美丽的奇妙世界。

# 中国的古典庭园

中国有世界上最悠久的庭园文化，2000多年来，庭园学者、建筑大师们更首要的是统治者们纷纷从事着古典庭园研究。中国庭园最根本的原则是风景如画。这种风景不是很大意义上的描述自然美景的概念，而是把庭园作为一个绿色掩映的大客厅。更有这样的事实让人惊叹：气势恢宏的中式园林仿佛一直在延伸，占地面积巨大，里面有几百公顷大的湖泊和树林。按照道教的世界观，一处庭园包罗万象，自然随季节的所有变化尽在其中，人们可以在此观察和欣赏，把它化作生命的一部分。这种中国传统观点本质

什么不重视在庭园生活上彰显自己的皇权。这没什么可惊奇的，因为几百年来欧洲甚至亚洲比如印度这些国家，设计庭园都以地貌对称规则为依据。

## 自然永远是正确的

试想一下巴洛克式的笔直的道路和修剪整齐的花坛，这种刻板的线条今天在北京的皇宫还可以看到，这在过去的城市、宫殿是司空见惯的。但是在辉煌的紫禁城，自然为主宰的观念已经体现出来。自然在中国根本就是正确的，不用评判，不管它事实上是美还是丑——这与我们的世界观截然不同。当我们仔细观察、研究自然和风景构图时，可以从这一中国理念中学到很多，这样积攒起一个"创意档案库"，在设计自己的庭园时可以时时加以比照。

细微之处也可突显自然的美，就像这盆盆栽的杏树

上有别于西方，中式园林的独到之处就是把自然引入其中。18世纪英国的景观庭园曾借鉴中国的模式，即把周边的美景并入园中。在英国人这样实施以前，欧洲王室普遍对此还不理解，认为较之欧式格局，这种中式的庭园太缺乏装饰，他们难以想象古代中国那样如此高度发展的国家，为

右图：精心设计的中式庭园，却展示给我们自然之美

## 日式的简朴和庭园设计

当今的日式庭园对我们而言是这样一幅画——首先想到铺着碎石的（无水庭园）或者接近自然的有水的乐园式庭园，还想到盛开的樱花。日本是一个独立的岛国，100年来它建立了自己的政治和社会体系，随着历史的发展变化，到今天成为稳定的现代化国家。在艺术庭园设计上反映出的和中国的很接近，人们的社会生活以其国家理论和孔夫子思想为指导，日式庭园遵从自然的理念也使得日本岛国的庭园呈现出自然美景。今天我们乐于声称，日式庭园看起来简约朴素，是自然风格的某一种，其实不然。日本在不同时代的庭园风格迥然不同，而且突出时代特点和功能，比如茶庭园，用来展示茶艺；又比如无水庭园是冥想之地；乐园式庭园用来让人们在此娱乐以放松身心。

日式庭园种类繁多，必定会有让人痴迷的画卷。这画卷全方位折射出自然之美，与大自然关联密切，这一点设计师必须知道。如今做一切事情都有理论可循，但专家的经验在庭园设计方面也是不容忽视的。在亚洲所有的思想潮流如道教、佛教中，经验一直和感知有关。

现代日式庭园也接受把自然作为模板，就像这无水庭园显示的一样

仔细去观察、去听、去感觉是目前每个庭园设计者的任务，这也是研究亚洲庭园所学到的：倾注精力去观察自然！

## 把自然浓缩于庭园

日式庭园研究的是把自然最大限度地完整体现在庭园里，按照自然界定的庭园面积，集中体现本质的东西。并非出于艺术效果的因素去节省什么，代之以集中考虑，这是典型的亚洲式庭园。这听起来很难，解释很简单：用煲汤来打比方——您把必要的调料一起放在锅里，注意盯着看，东西变化和转移得很少。如果你把所有的东西少放一些，随后将剩余的仅用一只勺子保存

着，其实这一小勺包含的内容和大汤锅里的一样，质量上丝毫不逊色。我们欧洲人对于庭园设计，是以完全不同的方式实施的：听从设计师的指挥，放弃这个那个，强调能够有一个自己专属的园子，通常最后的结果如同一碗没有放盐的汤，索然无味。在此我想强调，集中本质的东西与放弃完全不相干。您现在明白了，您的亚洲式庭园里最终可以包容一切，只是把自然微缩和集中了。

左图：佛教的禅庭园在西方观赏者眼里是人工的、现代的，其实它集中地表达了自然的样式

### 现代亚洲式庭园

把自然作为模板，在各类日式庭园中都发挥作用。有这样的可能性，在庭园运用抽象的设计形式但能让人很清晰地辨认出和自然的联系。在这点上我们和日本有着本质区别，我们追求一目了然，而亚洲庭园有时需要解释，因为我们不了解它的背景。

泰式庭园一角，热带风情扑面而来，色彩运用和物品摆放如此集中，您会感到很陌生

# 幻想庭园

在欧洲人看来，其实所有的亚洲式庭园都是很神奇的。从中国到岛国日本、再到热带风情的度假乐园巴厘岛，一路的胜景催生了我们的想象力。亚洲的艺术及工艺品有很悠久的历史，具有中国特色的工艺美术品被写入艺术历史的词典。欧洲人欣赏这种异域风情并把中国元素用于装饰：龙和中国人物造型，老虎和奇鸟图案的台布，还有中式壁画、地毯和景泰蓝，其中也潜移默化了一些自由发挥的元素。因为当时中国人真正追求的境界，在巴洛克时代只有少数人能试图按照自己的观点来理解。庭园中的建筑设

施，是他们在中国的旅途中看到后仿制的。宝塔、茶馆、庙宇现在也用来装饰奢华的大花园。早在几百年前中国人就知道这些颇具异国特色的东西有很高的经济价值，所以300年来他们生产瓷器、画作和家具，并出口到欧洲。其中许多东西质量差强人意，远远低于当时中国人自己用的。

## 创造异域情调的乐园

想拥有一个充满幻想的庭园，这一愿望不是孤立的，它带有一定的传统色彩。我们选择了日式和中式的，还有异域风情的度假乐园作为样板。我们从报纸和电视的系列报道中了解到，那里有花草茂盛的远东风情，富丽堂皇和形式多样的建筑。知道这些对于设计其实是远远不够的，几乎没有从巴厘岛度假归来的人会分析它的文化，只是暂时拥有和享受了自己所没有的。充满幻想的庭园从一开始就强调个性化，避免抄袭某种模式，然而有句名言说："越是好的，越容易被复制。"我觉得这是有道理的。庭园反映出主人的愿望——尽管有些没能实现。从这点上说，幻想式庭园与有着茂盛灌木、花坛的自然景观庭园没有区别。当我们想效仿一下英式田园风格，或许我们是希望在那里做一个拥有公园的城堡主人。

右图：曼谷的皇家园林，彩色的塑像仿佛在树丛间嬉戏玩耍，时而驻足休憩

## 步入别样的世界

我们的设计理念不仅涉及现在，也包含过去。在这里您可以步入一个远古的世界，使您从每天循规蹈矩、伴随有着现代技术的精细事物中解脱身心，得到放松。在考虑设计之初，以自己的幻想为出发点的人，可以在庭园中享受第二重生活，即没有丝毫烦扰和抱怨的平和生活。庭园是人生旅途中内心休息的驿站，也就是在整个亚洲人们所描述的冥想之地。在亚洲，冥想对有些人很重要，并伴随他们的成长，当然并不是对所有的人都重要。冥想在欧美成为了一种放松的时尚艺术。在我们随后深入聊这个话题之前，先满足一下，把潜入庭园的别样世界描述为放松。

由于庭园真正体现您的个人创意，因而能成就您的梦想。我想，我们能从中国、日本、印度人身上学到的是：别把自己看得太重要。这样忧虑会少一些，有些麻烦也会随之消失。这听起来有一些哲学色彩，但请别忘了，亚洲式庭园的设计理念就是与此相关的。我认为，令人着迷的亚洲式庭园不是死板的，而是个性化的、有生命力的。张开想象的翅膀，带着度假的甜蜜回忆，您可以创建自己的庭园，在其中陶醉，并与庭园融为一体。

欧洲和亚洲各具风情的不同元素组合，妙不可言

## 古典的、现代的还是幻想的

有众多亚洲庭园模式可以为您的设计和规划服务，下面描述的特征或许能为您的决定带来轻松和愉悦。

❋ 古典的庭园总体而言，会映射出与自然的一致性。它强调植物与其他元素比如水、石头的整体统一，考虑传统意义上的庭园固定元素如亭榭等其他设施。如果您想按照传统的观念来建造庭园，那就选择古典式的设计模式，它也是本书所述艺术表现力最少的庭园类型；如果您热爱大自然，期望从观赏它来汲取力量，您同样要选择古典设计模式。

❋ 现代庭园以日本为例，每一种都以无水庭园而著称。这种模式以精简集中的理念来演绎自然。如果您期望设计简约，表达形式简单，那就别无二选。平整的石子区域代表着水和石，这在日本是神话之岛或者动物的象征，在我们看来则如同雕塑。

如果您不喜欢庭园中有这些象征意义的设计，也许想要更能使人安静的庭园设计，比如有固定形状的灌木丛。很多设计师认为简约的亚洲式庭园是符合现代建筑理念的，如果您想要强调自己的别墅设计连贯、线条流畅，现代亚洲式庭园不失为一个好的选择。此外，它用相对较少的占地面积就能体现出效果，因此它适用于设计联排别墅的内院和顶楼花园。现代设计也一直是很

这是一处私家庭园，外形设计经典，传统的庭园元素运用其中，可能是模仿日式的茶庭园

有表现力的，它表达清晰，并显示出您的品位。

专业的设计和日式的创意完美地结合在这个现代庭园中。修剪成形、自然生长的树丛让人想起砾石庭园或无水庭园

❋ 幻想式庭园赋予您很大的自由发挥空间。在此各种模式都只作为一个参考，没有可以抄袭的某种风格，您不受任何约束。就像它的名字一样，幻想庭园给您一个充分试验的机会，您喜欢的一切在此都是可以尝试的。设计的基础是在庭园中表现某种情调或感觉。就像不同的风格元素互相组合一样，异域风情的画面正是所期待的。传统与现代，回忆和氛围在这里交织碰撞。不过，尽管您有充分的自由，还是要考虑庭园设计的基本规则。如果您可以利用的面积较小，区域划分像对待一套公寓房或其中的一个房间，会觉得设计起来比较容易。

# 植物与哲学

亚洲式庭园设计不是一件轻松的事情。同样，要确定庭园的风格类型，您需要花费精力挑选想用的植物。东西方不同的庭园文化有着相似的构成元素，这是它们的共同之处，但是在使用上各不相同，两种文化与植物的关系也不同，每种庭园的植物都以直接的方式强调庭园的设计。花和叶的结构、生长形式以变化无穷的色彩丰富着庭园，美妙的旋律和画面伴随着您！这在设计者的眼中是不够的，就像色彩和造型在一幅画中只是总旋律的一部分。人们把画面中最基

植物在亚洲并不仅仅是一种装饰元素，画面中显示出自然的影响力

本的表达称作"主题"，主题和单个元素之间是互相影响的，每个规划好的庭园设计都依存于这二者的互相影响和转换效应。

鉴于上述，植物在亚洲和欧洲庭园中都是十分重要的。植物吸引我们的注意力，有毋庸置疑的魅力。我们不能选择步入一个庭园时最先看什么，当我们根本还没来得及决定，眼睛已经注意到了植物，这种"看"的必然性也是中式、日式庭园约定俗成的。

## 植物作为关键

这样的标题说得已经非常简单化了，因为在亚洲不同的设计观念中有着各不相同的突出部分，尽管如此，人们能够在植物扮演的角色方面努力找到东西方的和谐之处。正如您已经了解到的，中国和日本的庭园艺术家们致力于研究庭园最本质的东西，那么自然中存在的东西，比如河谷、山丘，在庭园中都应该包含。植物也是一个象征，它以对自然真实可靠的表达而融入庭园。有效利用各种灌木、亚灌木、向日葵、薛茎植物等，最首要的准则是符合个人的品位，然后考虑它们是否与庭园风格相匹配。

**右图:** 这个日式庭园是一个很好的范例，它把自然景观转化到庭园中，让人感觉仿佛置身于森林之中

我们描绘植物不同的自然特征和效用：古老的针叶树显得忧郁突兀，玫瑰和芍药显得浪漫和相思，菊花富有情调，而修剪过的小丛林显得拘谨。在亚洲则不同，植物被赋予人性化的特征。

比如松树，不管生长环境多么恶劣，它经年常绿而且长寿，因此针叶树在中国被视为长生不老的象征，在日本则代表着毅力和强大。这些象征意义中包含了民族的世界观：人们可以从自然——庭园作为浓缩的自然中，对自己的生命有所感悟。通过观察自然积聚力量，这比纯粹欣赏一个美丽的花坛带给人的感觉要强大得多。看到一种植物不要立刻与自己的欣赏品位联系起来，这对欧洲人来说很难。

## 植物带来生命的愉悦

在日本，植物对人们来说不可或缺，这远比对于我们重要，每年一度举世闻名的樱花节就是个例证。从3月底到5月初的庆祝活动是举国盛事，每天的新闻报道中会多次出现关于早春时节的到来和樱花开放的时间。每当樱花盛开，整个日本繁花似锦，变成一个被玫瑰红粉白轻纱笼罩着的梦幻世界，让人为之倾倒！

樱花在日本象征着美丽、纯洁和幸运。人们在欢庆樱花节的日子里，喜悦之情溢于言表，至深至切。公园里、广场上到处是幸福祥和的日本

芍药在中国和日本广为种植，它风姿绰约，深得人们喜爱，欧洲庭园中也有它的身影

盆景是艺术，是微缩的自然

民众，他们一起赏花，共同庆祝。这种幸福感为我们考虑亚洲式庭园设计时注入灵感——了解一些事物或自然的恩赐中蕴含的生命愉悦，把它们看作生命的象征。您不可能在自家庭园获得比这更美好的感受了。

书不是教读者如何完全照搬某些庭园，而是阐述个性化的艺术品，是古典的、现代的抑或是纯粹幻想式的。您会很快领会异国的关于植物的种种观点，并在现实中应用。

尽管用在我们庭园的绝大多数植物来源于中国和日本，但如果是传统风格的中式或日式庭园，要有选择地少用，这正体现了"以少胜多"的原理。单单是"保留项目"中适合于您庭园规模的植物种类，就多得足够满足您的愿望。这本

左图：日本的皇家园林占地面积很大，可以展现完整的自然风景，就像图中大片水域和鸢尾属植物

### 典型的中国和日本植物

| 植物学名称 | 名 称 | 长势/特点 |
|---|---|---|
| Acer palmatum | 鸡爪槭 | 大型灌木，木质，盆景 |
| Camellia japonica | 山茶 | 灌木，修剪或自由生长 |
| Chrysanthemum indicum | 菊花 | 亚灌木，盆栽或花坛栽种 |
| Fargesia in Sorten | 竹子 | 成林，高大，生长迅速 |
| Iris ensata | 鸢尾 | 亚灌木，草状叶 |
| Paeonia suffruticosa | 灌木芍药 | 灌木，花型大 |
| Pinus thunbergii | 黑松 | 自由生长或修剪成树丛 |
| Prunus x yedoensis | 日本杂交樱花 | 开粉色花 |
| Rhododendron in Sorten | 常绿杜鹃 | 灌木，修剪成型 |

# 古典的亚洲庭园

传统的中式和日式的庭园是渴望的化身：寻求远方的世界和陌生文化，追求智慧和顿悟。它们的意义远不止是绿色掩映中的大客厅。

当我们在此书中谈到中国和日本的古典庭园时，不是特指某个特定的庭园史阶段，而是指直到今天还在发挥重要作用的那些传统，这些知识和经验是宝贵的财富，得以世代积累并流传，从而使这些国家受益。欧洲庭园文化随着政权更迭和社会体制的改变而变化。因此，中式和日式庭园在其历史上是可以溯源的，它们的内涵直到今天还存留在人们的头脑中。这如同我们可以回眸，从最初了解一处巴洛克庭园的设计和相关背景——这简直不可能！

## 古典即自然

如果您决定选择古典的亚洲式庭园，您一定会对那些自然风格的庭园背后蕴含的和谐规则感到惊奇。这些例子您首先可以在中国的皇家庭园或在日本的茶庭园、无水庭园中寻找。中国的皇家庭园占地巨大，拥有树木森林，数公顷的活水湖泊，这对私家庭园而言是不可能达到的。私人的庭园面积有限，大多数情况下，周边的景色不可能设计到庭园中，您只能因地制宜去设计，这适合大的庭园或联排别墅。

## 模式总存在

集中设计的理念为您赢得了更大的空间，它可以包含如您最初设想的一切。丛林流水、山峰岛屿都将进入您的庭园。集中的艺术意味着把石块看作岛屿，把石子路看作河流，把几棵松树看作树林。如果墨守成规，先把空间划分好，再用某些元素把单个的空间逐一填满，您就如同走进了死胡同，一切计划考虑和设计愿望将被束缚在设计图纸上。

植物和石头和谐的形成一体

# 休养的乐土

**1** 禅庭园　由石头、植物构成，它的清新风格很适合人们在此休憩。这里视野很集中，构成元素之间和谐地感染着人们，人们能在观察自然元素时找到内心的自我。

**2** 流水声　这种声音能让人安静下来。图中的竹子喷泉在日本深受人们喜爱，竹子中注满水的时候，水会滴落到石头上，韵律柔和，音色悦耳。

**3** 茶艺　是日本茶庭园的综合表现手段，显示出对客人的极大尊重。经历过茶艺哪怕只有一次的人也会知道，茶桌边享受的时光完全不同于日常其他经历。

**4** 佛像　在人们冥想之路上帮助人们认知，佛的塑像是寻找未来和回忆过去不可缺少的象征，绝不要把它当作是单纯的装饰！

**5** 固定的庭园元素　图中的宝塔，它吸引您的目光，引导您开始冥想。即使在小型庭园里也可以为这些古典元素找到位置。由于我们的文化缺乏与此宗教的衔接，对我们而言它更像是庭园雕塑，但它能引导我们去了解异国文化。

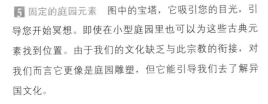

## 观赏还是漫步

像每一类历史一样，庭园史也是错综复杂的，因为它在发展的过程中不断被改变。尽管如此，人们还是可以把日式庭园分为基本的两类，分别叫作观赏庭园和漫步庭园。仔细考量，您想要怎样的设计以及从中期待什么。您期待一个静心休息和放松的地方，甚至用于冥想吗？那就选择观赏庭园，它充满有生命力的画面，比如无水庭园集中表达了自然景色的本质。无水庭园需要的空间较小，仿佛一幅有框画面为人观赏，您可以不断看到其中的变化。您需要确定好庭园的空间，这样一方面有了范围界定，另一方面可以通过固定的设计元素保证庭园的完整性。

### 观赏庭园

观赏庭园比如无水庭园，经常需要下面的设计元素：

❋ 石景。大小间杂的石块以一定样式堆砌摆放。

❋ 植物。对无水庭园来说，首先是修剪成形的小树丛，还有自由生长的植物，如日本槭属植物或松树，当然还有地衣。

❋ 碎石沙砾。和石景一起，用在某些区域。

❋ 装饰元素。比如石灯塔，它是固定的庭园元素和附饰中的经典，用来构成庭园的基本格局。其

庭园通行的道路设计风格要自然

苔藓是日式庭园中重要的植物，遗憾的是不适宜在欧洲种植

实在此"附饰"二字还不足以表达清晰，因为附饰对我们来说，在设计元素取舍间会被放弃，而在日本考虑装饰元素时是不会这样的。

## 单个元素发挥作用

选定了古典的亚洲式庭园，意味着您要以特别的态度来对待它。在园内所有您熟悉的东西，都要好好地观察琢磨。比如石块、植物，您都要视为自然的风景画，它们存在于一个整体庭园空间内，每个单独的景色您都要经过一番慎重考虑。亚洲式庭园表达出的是一种连续性，它绝不会变来变去。我们则已经习惯把一个接一个的最好的美景接连在庭园中。西方的庭园文化忙于一

左图：这幅庭园画面生动有趣，所有的元素从样式到色彩都让人感觉到是一个和谐的整体

刻不停地去发展，这在几十年前尤为突出。从年初到秋天，园中一直要有盛开的花朵，几乎等不到玫瑰凋零，其他的花卉和华丽的灌木已纷纷登场，借以赢了恩宠庭园之赌。冬季树丛多彩的树皮和绿色的叶子紧随秋天的红叶。而在亚洲式庭园您可以安静轻松地来观赏，有心情的时候，您还可以干些活儿，比如施肥、修剪草坪或者清理枯枝败叶，这一切都是为了更好地观赏。从这一点上可以让人易于理解佛教庭园：方法即目标！

### 正确的样板

每个庭园都有它的样板，如果想按照样板复制，请在做规划的时候加入个人观点。没有什么比完工之后还有遗憾而更糟糕的事情了。如果有建造亚洲式庭园的冲动，请一定仔细斟酌您向往的风格：追求清晰明朗、贴近自然还是充满幻想。区别于欧洲的庭园文化，亚洲式庭园有生动的画面唤起生命的激情！

许多源于亚洲的思想财富，对我们来说是陌生的智慧。这不难理解，因为我们是在完全不同的价值观、文化氛围和社会制度中成长的。不过，通过观察庭园，您的思想会有所变化，也会理解其中蕴含的哲理，可以说亚洲式庭园是一位诲人不倦的大师。这种看法是主观的思想活动，即使您不在园中漫步也一样可以实现。

我们在成长和受教育过程中所接纳的东西决定了我们的世界观，并受用一生，这种规律也适用于庭园。一秒钟之内我们就会在脑子里把眼前的画面和潜存的回忆，还要用上你的思想观念加之对比，因此我们没有可能把某处亚洲式庭园原原本本地完全理解。我们不是在亚洲文化中成长，其理念不可能铭刻在心，因而是带着个人观点、片面地观赏亚洲式庭园，亚洲式庭园挑战着我们的理解力。我要鼓励您，从最初的创意到最终完结，走自己的路去设计庭园！因为方法即目标！如果您真的能这么做，而不只停留在脑子里规划，那么您一定对古典庭园的第二大类——漫步庭园感兴趣。漫步庭园最初是大的公园，游客们按精心策划的路线欣赏美丽而富于变换的风景。东京的一些老式庭园里甚至还保留一片稻田，倾诉着乡村风情。也有许多小的庭园让人们随意漫步穿行。其中最有名的小型庭园是茶庭园，在日本这里是展示茶艺最重要的场所，就像禅庭园一样，追求内心的平和宁静是茶艺的核心要旨，所以茶艺展示按惯例都是在装饰简朴的茶

这也是一个来自德国的例子，木门和高高的枫树形成理想的空间互补

一处小小的庭园，经典的元素如植物、石头和西式的舒适感互相融合在一起

舍进行。茶艺设在庭园，人们走在通往茶舍的路上，就是一个舒适的心理准备过程。茶舍前有装满净水的水池，不管主人还是客人，都先在这里洗手漱口之后才能进入茶舍。茶庭园要让人能够穿行，以方便人们在仪式开始前，能静下心来，暂且忘却日常生活。这是茶舍服务的首要原则。

## 漫步庭园

传统的漫步庭园在许多方面用到下面的元素：

**左图**：经典的庭园于我们可以这样呈现，所用材料和园墙的一致性让人心悦诚服

❋ 起伏的山丘。

❋ 多种类的植物组合。从单独的花坛到一个树丛，或一组树丛直到树林般感觉的植物群。

❋ 水。可以是湖水或是宁静的池塘，也可以是溪流或瀑布。

❋ 亭子和其他的固定元素。

❋ 多条小径。

您看到了，漫步庭园原本就是比较大的，能容下很多设计元素。人们可能因此觉得设计变得简单了，可以通过逐个的画面构思来完成整个设计。在观赏庭园时，您必须按照自然原型，用象征意义的手法把风景集中到庭园中来。

# 古典元素

**1** 形式规整的小树丛　在日本不仅仅有绿色的小树丛，有些顶端还覆盖着繁茂的花朵。日本的杜鹃花千年以来有固定的生长模式，通过巧妙的搭配，形成了类似山丘的植物群景观，现有的地势得到了更好的利用，不好的地势可以通过合理的种植植物来遮盖其缺陷，达到同样好的视觉效果。这是一个很好的创意，用不着推土机在园子里搬运泥块儿带来嘈杂凌乱，您的庭园同样充满生机。

**2** 石子路　图片拍自京都寺庙，石子路面有许多不同的图案。这种棋盘式的石子路，在私家庭园里适合用在较大的区域。

**3** 拱桥　是最常用的、仿制亚洲的设计元素。水中的倒影是最理想的画面，请不要栽种莲花，那样会遮挡住它迷人的魅影。

**4** 石景　在中国和日本都扮演着重要的角色。它不仅存在于禅庭园——在日本被视为概念化无水庭园。石景有竖直和平置两种形式。

**5** 铺路石　它们形状各异，人走在上面很舒服，而且有亲近自然的感觉。铺路石也适合地势低洼不平的路面。

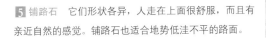

开放式居住空间，外面是经典式庭园。庭园成了一幅特殊的"双面画"，人们从里面和外面都可以观赏它

# 日本的传统和现代

在了解庭园艺术时，您会感到中国和日本的现代和历史是紧密交织在一起的。即使存在于现代庭园中的设施，也能看到传统的痕迹。在欧洲人眼中，比如有着几百年历史的无水庭园总是不失现代风格：它们恪守观赏功能第一的原则，相比之下西方庭园司空见惯的色彩缤纷的花坛、枝叶茂盛的草坪，显得缺失了些什么，如同草率的苦行僧。这个概念也适合那些现代庭园，设计师排除基本形式的干扰，他们视庭园功能为设计核心，这又是一个与传统日式观赏庭园的共同之处。如果仔细观察，您会发现其设计线条流畅、功能性很强，很强调实用性。简洁清新的手法描绘出现代西方庭园，与日式传统庭园的样板如出一辙。如果您决定选择包含亚洲元素的现代庭园，您的庭园设计将兼具装饰性和强大的表现力。

## 以少制胜

如果目前条件暂时受限，您同样可以拥有现代亚洲式庭园。比如您现代风格的别墅，要最大限度满足您出于实用性考虑的愿望，列出一张清单就显得很有意义，搞清楚什么是您不想放弃的；再直接写下来，哪些对您是重要的。把清单内容与下面的基本原则相比较，如果二者不一致，您就要认真考虑选择的正确性了，或许您更倾向于古典庭园。

用经典的元素——石头，代表溪流，在现代庭园中释放不同凡响的情怀。
这个庭园结合了现代的设计和经典的庭园元素

上图把现代庭园的设计思想坚定地表达出来，精练的元素适合狭小的空间
状况

❋ 我的庭园应该设计连贯，反映出别墅线条清晰
流畅。

❋ 我的庭园只需包含较少的元素，诸如单株植
物、石头或者碎石。

❋ 我想在庭园中集中表达最本质的东西。

❋ 我的庭园要易于养护。

❋ 我的庭园良好的空间视觉效果比温馨的气氛更
重要。

❋ 我想要每个独立的元素都有尽可能强的表现
力，这意味着可以和雕塑相媲美。

如果您的想法与这些陈述不谋而合，其实已

经可以做决定了：您偏爱有时代感的设计，但您
也珍视单个元素的作用。的确，盛开的樱花或一
棵古树，就能经典地体现日式风格。就这点来
说，人们在现实生活中是可以对事物的个性有重
新认识的。

发挥激情

激情应该在现代亚洲式庭园中——如书中所
描述的，感染它的主人。不仅仅是源于它的装
饰，还在于它不容忽视的内在价值。人们看到的
一些设计案例虽然显得简约，但是有非同寻常的
表现力。这些庭园如果您每天能去欣赏，它们就
是您的伴侣。

# 现代的亚洲式庭园

清新的格局和集中的表达是现代亚洲式庭园的标志，这些特性毫无异议地使人振奋。

想到亚洲式庭园的人，头脑中会浮现出平整的石子路或形状规整的小树丛和石头诸如此类的画面，有某种意义上禅庭园的概念。禅庭园不同于一般装饰性的砾石庭园，它是让人们可以集中精神冥想，练就内心强大的空间。将近1000年以前，这种宗教信仰从中国传到了日本。它首先意味着每天做的事情都要回想一下，也就是冥想。禅开始于人们对日常行为的观察，它是佛教信仰的一个分支，并一直陪伴着人们。

现在您肯定会意识到，平整的石子路面是一种静心养性的活动而不是辛苦的庭园劳作。当然，禅庭园的体现远不止平整的石子路面，它能作为我们现代庭园的模板。禅的出发点是：每一粒沙子都是一个宇宙。这引发我们深思：减少庭园中风格张扬的元素是很有必要的。

这种象征的寓意还更多体现在其他无水庭园中。这样看来，设计现代庭园将在少数作为经典保留的元素中挑选。设计每个独立的庭园都可以思考自己和世界的存在，为寻求生命的意义做出贡献。如今快节奏的生活和工作环境有很多负担和工作会阻止我们思考生命的本质。

## 现代庭园——您的世外桃源

私家庭园作为您退避的港湾，没有日常生活的烦恼，对您更为重要。有许多人工作之余想放松身心却无法做到。"放下"并不是那么容易，人们很难一下子转身归于安静。现代亚洲式庭园会在这方面有所帮助，它简约集中，主题突出，较之那些虽有魅力但负载过多的庭园更易于吸引我们。我亲身经历过这些庭园，它们能在最短的时间内吸引观赏者，布局和色彩都很分明，不像满目锦绣的诸如英国乡村庭园，置身其中久了您会感到很伤神。欣赏着现代庭园，享受着它传达的宁静之美，您还期待什么？

这棵树就像雕塑一样：植物也可以反映美学品质

这个画面来自日本山景，加上西方风格的道路设计，让人由衷叹服这种完美的组合

现代庭园有着独特的表现形式：西方通常以直角划分区域，加之对称轴，文艺复兴时期的巴洛克式建筑就体现了这种特点。严格按照几何对称的设计于亚洲式庭园是不可思议的，秀姿天成的地势在亚洲式庭园中扮演着重要角色，而弧度和曲线如今却是为我们所唾弃的。请想象一下许多私家庭园随意的弧线和不明设计动机的花坛样式吧！如果您深入研究现代亚洲式庭园会很快确认，园中的每个布局样式都要审慎对待，就算利用天然的地势也不例外。

如果您想在庭园中集中表现手法，请仔细观察自然的地形。我们同样拥有山丘、河谷、山脉

和河岸的景色，这是与中国和日本的庭园样板的共同之处。您不想完全照搬自然的原形，而是想要中国或日本的庭园艺术与您的个人品位结合的庭园空间。

## 打造自然的格局

如果您想要自然的设计，那么就要赋予每个圆弧、每道曲线一定的意义。举一个以小见大的例子：您拿着一块鹅卵石在手上会很快发现，它

**右图**：日式简约风格和现代设计完美组合。用集中的形式表达核心内容

的形状不规则，就算那些显得很完美的也是如此。经过测量发现，没有一块石头是数学意义上完全规则的圆形或椭圆形。如果您想在园中仿制出小岛，像图例中的那样位于鹅卵石花坛之中，它不可能是完全规整的，因为鹅卵石的形状影响岛的外围表现力。石头的形状是历经千年风霜自然形成的，一个形状浑圆的岛在自然中是不存在的。

## 视自然景色为一个整体

自然是自然景色真正的建筑师，它以自己的能量发挥作用。庭园的每一道曲线都或多或少受到自然的制约。如果想设计带曲线的一个花坛或一段石子路面，只有让人感觉就像一块自然生长的岩石或树木立在那里一样才会有意义。您可以观察流动的溪流，溪水会绕过障碍向前涌动，这正是自然的迷人画面。溪流是动感的、有生命力的，这种生命力在亚洲式庭园中格外重要，若失之交臂，庭园就变得索然无味，成为与之对立的一个彻底的艺术世界，即使有生命力的植物和自然天成的石块在园中占有一席之地，这些庭园仍会很快显得像刻意装饰过一样，传达不出丝毫的亚洲情调。传统天然的形式和现代严格的线条设计在现代庭园中发生碰撞，比如笔直的小路在园中取代自然亲切的铺路石，两种方式给人的感受截然不同。各种设计形式轮番登场，由此产生了人的能量——严谨的几何学——自然的能量——自然造就的宠儿之间的制衡。

# 给自己的世界

亚洲式庭园给您提供了一处在家即可享受度假时光的乐土。为了尽享幽静、放松身心，它应该尽可能地避开外围世界的影响。大多数庭园都会采取遮挡视线的保护措施。我们倾向于把私家庭园作为自己专享的大客厅，因而其封闭性显得非常重要。在设计私家庭园时我们几乎做不到像中国和日本的公园及景观庭园那样，把园子周遭的自然景色一并纳入园中。不过针对这种不可避免的情况，您可以采取集中表达一个主题的方式来解决。您可以自由地想象，在这个封闭的空间其实有许多可能性。您或许想让园子像

艺术品比如雕塑一样个性突出，这不失一个符合现代亚洲式庭园设计理念的好主意，使庭园被自然衬托得富有特色。另外，通过古典庭园设计模式也可以使您的庭园独立于周围环境，给人深刻的印象。当您步入这些庭园，仿佛完全置身于另外一个时空，日常生活的琐碎被抛在园门外。在

此您也再次想象一下，把自然作为模板是多么重要。就算由于地处市中心，自然美景无法尽情展示，那您也要把自然元素移到园中，哪怕少得剩下很小的一块石子路面，或是几块铺路石抑或小型的树丛。

我建议您在决定了庭园风格之后、规划开始之前，去画一张草图。不用害怕，这用不着专业水准，也不需要精确的尺寸比例，没有绘画功底一样可以完成！草图上画着您眼前粗略看到的空间划分，研究一下它与自然地形相似还是更能体现艺术效果。如果在这张总的草图上，直线条和规则几何形状占主体，说明它远离了自然的样式。您要坚持不懈地去了解自然的模式，其他的一切都是浅显地引用中式或日式的设计元素。

## 自然美景和庭园

您可以通过简单的方式把自然美景移植到自己的庭园——这个界定好的空间中，根本不复杂。成功的关键是要集中到一个主题上。如果想要有岛屿的水景，可以用碎石花坛和大的石块；如果想要起伏的山丘，必须把地面做成高低不平的样子。

右图：现代庭园找到的解决方案——把从地下室延伸上来的楼梯设计成别致的花坛

## 空间和材料

在现代亚洲庭园中有两方面内容交织在一起：与时俱进的设计和传统的基本创意，即以一个集中的主题来表达自然。在这种意义上现代庭园分为古典和幻想式两类。古典庭园只用自然的原材料，而在幻想式庭园会用一切可以营造氛围的材料。其中大多数材料都是现代的建筑材料，用在庭园中同样有意义。

❋ 水泥  近些年混凝土也用于私家庭园，如第45页图示。混凝土的表面没有抹灰泥或镶石头、木头，显得很清透，与天然材料搭配得和谐一致。

❋ 天然石块  在现代庭园中使用在座椅或固定的庭园元素中。与古典庭园对比，现代庭园用的多是加工得棱角分明的石头，打磨和抛光显得与整体的自然风格不协调。

❋ 金属  在当下颇为流行，精制抛光的优质钢用在水池和花坛拐角处。金属制的材料在园中不宜多用。由于它是作为一种现代设计的象征应运而生的，因此经常被滥用。

一个很好的例子,自然的外形和严格的空间架构形成鲜明对比

※ 木头　木头在传统庭园中常常用到。木制的小桥和甲板对古典的和现代的庭园都适合。特殊情况时也会使用竹子,它的个性鲜明,适合各种线条的设计并越来越多地用在现代的庭园创意中,但竹子的表面时间一长会变得有污点。

## 效用的决定性

您看到了,适合用于现代庭园的材料明显多于古典的。它们长久地影响着庭园的面貌和人的心理感受。寻求每种材料和设计元素之间的

平衡对每个亚洲式庭园都是很重要的。特别是现代手段加工的比如光亮的钢或石质的表面,要想赋予植物或岩石这些自然元素一种好的效果显然是不可能的,在此再次提醒您:慎用现代的"调料"。通常来说,一个现代别墅里的庭园,其空间条件和效用是足够的,创意和材料和谐一致是每个庭园设计的目标。

砾石、植物和石块——日式庭园的元素和现代建筑相结合

### 建议

日式庭园元素和现代建筑相结合特别激励人心。要慎用少用这些元素,使它们更易于形成和谐一致的效果,唯有这样,建筑物的风格才能得以保持!

日式庭园装扮着内院,不仅画面生动,而且一年四季都能保持这番美景

如果把不同的表现力相结合，现代庭园中的植物可以产生雕塑感，像图中那样，把粗大厚重的和细巧精致的叶子搭配在一起

这个庭园结合了西式的传统和亚洲的元素，如图中的拱桥和盆景

## 和谐替代对比

把庭园视为家的延伸，这是一种在中国尤其是日本很知名的观点。通过移门设计，您在家里就能看到庭园的画面，在温暖的季节将移门敞开，居室和庭园连为一体。视庭园的大小不同，要么有一个主题，要么在不同的庭园区域把主题划分。在日本只有少数的城市庭园是单纯的茶庭园或禅庭园。尽管如此，亚洲式庭园的不同区域还是以一种共同的基本表达来互相联系：庭园中

所创造出的自然画面像是给了人们一个了解它的指导手册。著名的英国西辛赫斯特城堡花园（Sis-singhurst Castle Garden）之后的很多仿版中，有太多做作的痕迹。欧洲庭园空间划分主要考虑装饰性方面的因素，这可以说成"目的本身"。我们发现某个庭园在这方面或那方面很美，或是让我们反感，如果按照美学观点，会得出因人而异的不同结论。比如我们对大型盆景的兴趣不如成形的小树丛……给我们带来艺术美感的典型代表。美学在各种的亚洲式庭园中都扮演着重要角

右图：这是有时代感的庭园艺术……形体各异的盆景是亚洲式庭园很富表现力的标志

色，体现在庭园各部分之间的和谐关系之中，为了不误入歧途，人们必须一直要回想已经非常简化了的异域文化的那些标志。现代庭园注重效用，要享有令人信服的亚洲式风格，可以通过设计现代化的设施和装置来满足。如何实现呢？借助材料的帮助可以使这一难题迎刃而解。下面的建议对您会有所启发。

❋ 对比只用在形状方面，也就是说，您可以把天然形状和直线条的设计结合起来，避免外形上和色彩方面的强烈对比。例如选择浅色的不锈钢替代深色的碎石，想想看，安静的庭园画面也让人随之心境平和！

❋ 铺地板的材料颜色要摒弃强烈的深浅对比，色彩对比要做到自然柔和。

❋ 如果您只想在园中的一小块地方体现亚洲式风格，这块区域必须与周围有明显的界线，这样才体现它的效果。日式的酒店雅座在玫瑰庭园中无处安置……两种不同风格的效果会相互抵消，这只能说明一个问题，您只能以一种风格集中表现庭园设计。要想解决这个局部问题，最好发挥您的想象来设计。

现代的、有建筑质量的庭园要求庭园的各个区域保持连贯性，这一点您也许不能坚持做到，因为人们往往更偏爱花样有变换。

# 大型盆景——画卷和模板

**1** 回想盆景　把针叶树丛按照一种自然样式修剪得很松散，例如图中的这组小松树群，通过下面树枝的距离设计达到了很好的空间效果，树显得大了一些。

**2** 样式和摹本　盆景原本是人与自然之间和谐关系的表达——以袖珍版形式。我们最常看到的大型盆景的修剪形式，是对中国和日本传统风格的一种适应。

**3** 盆景　大的盆景可以长到两米高。错落有致的植物相映成趣，形成一种优雅的"盆中文化"。

**4** 不仅是盆景　此图摄自苏州博物馆的内院，其中松树的长势仿佛人们刚从山林里移植而来，大树也会被设计成不失个性的自然形状，这些设计从根本上与我们喜欢的刻意的盆景形状区分开来，这种景致更能激励人心。

盛开的樱花树下，日式的轻
松无忧与外形创意邂逅

## 现代亚洲式庭园的家具

    欧美的庭园被看作是居室的延伸，这种观点首先要求一条原则：在庭园中要享受到家的感觉。我们总会在天气好的时候于庭园合适的角落摆放桌椅，和家人一起用餐；还会摆放躺椅，邀上好友，或躺或坐，悠然自得，放松身心。中国人和日本人是不接受这种认知的。

    庭园中有了固定的座位，人们日常在居室内做的事情一样可以在户外完成。庭园对于八小时之外是很有价值的，这是典型的欧洲人的共识。

不管是设计地中海风情的、田园风情的抑或是亚洲风情的庭园，只要能满足温馨舒适的需求，人们都甘愿为此付出代价。

### 有意义的设计

    家具在现代庭园设计中不单单是一个座位问题，它在设计草案中归属于固定设施部分，它强调设计感，同时要突出实用功能。比如要摆放一张长椅，一方面人可以坐下小憩并观赏园景，另一方面，有设计感的椅子本身也引人注目，要把观赏性和实用性结合起来。选择园中的每一样家具都要认真考虑，而且最好遵循和谐统一的原

这里仍能觉察到亚洲式庭园的影子……所有的设计元素在两种文化中都得到运用

这个水塘是东西方设计的混合体，体现了对设计元素的挚爱

则，在整体设计完成之后进行。像家具这样可以移动的元素，依照长期有意义的原则融入整体设计草案，比在草案之前预留出空地要简单些。不要忘记，家具的作用是为了让您感到舒适并体现您个人的喜好。

## 现代设计

现代设计要体现实用和美学的统一。在这方面，很适宜借鉴亚洲式庭园文化。在亚洲，看上去再平常的东西也有它内在的美学价值。如果您选定了现代亚洲式庭园，要注意：尽管要遵循严格的外形样式，庭园也应该是充满活力的空间，这要在所有的庭园设施、家具和装饰上反映出来。

# 充满幻想的庭园

亚洲既有幅员辽阔的疆域又有绚丽多彩的文化。如果您感到选定一种庭园风格有难度，那就听凭您的幻想并创建您专享的庭园王国吧！

中式的大气、日式的清朗、泰式的异域，交织在一起，陌生的文化像磁石般吸引着我们，激发出渴望拥有的冲动。我们想用在杂志上或者在亚洲旅游时所看到的画面来丰富自己的庭园。纯粹主义者很肯定地建议：集中一种风格去设计庭园，同时融入自己的愿望。

## 解放思想

庭园一直是梦想中的画卷，是能够使人放松的世外桃源。您珍视它，因为在这里您可以重返自己的思想世界。它应该是独特的，完全反映出您的创造力，因为庭园的主人——您，是独一无二的！幻想式庭园充满个人主义色彩，您可以把凡此种种亚洲文化的影响和西方的思维结合起来。在此没有禁忌，人们不能评说某种幻想是好或是坏。为什么要墨守成规，让自己的愿望因此退让？当然，有些规则是要遵循的，诸如园子面积的利用、画设计图、选择合适的材料、家具和附饰。不过也有许多庭园证实：尽管它们存在设计上的失误，但阴差阳错间恰恰以别具特色的氛围感染着参观者。

## 达成观点一致

您或许曾在家居杂志中看到设计师们所刻画的住所，常常是充斥着对比强烈的观点，人们看了通常会感到惊奇，只有少数的读者乐于去模仿，更有极少数人完全置之不理，采取完全不同的做法，那些想象力丰富的人也是这样来设计自己的庭园。幻想庭园是亚洲式庭园中的第三类，也是设计自由度最大的一类，您所有对过往的回忆以及所有的灵感创意都可以借此淋漓尽致地发挥。这是一次真正的探险之旅，当您到达旅途的终点，一个世外桃源也随之展现在眼前。这个小小的充满异域情调的世界，属于我们之中敢于尝试的勇者！

合适的装饰使得幻想庭园妙趣横生

## 幻想取代规则

您首先要清楚，自己想在幻想庭园中体现怎样的创意。在您的头脑中已经存在一些画面和凌乱的想法，在实际规划开始前，完成这样一个创意样式的"拼贴画"，对设计是有帮助的。请在一纸清单上写出您所有的想法，哪怕只是一个小细节。在此我建议，用尽可能大的纸来做这件事情，这样便于随后所有的资料诸如杂志上的、书中拍下的或是网上打印的图片，都有可能补充进去。有些东西或许根本不必写，报纸上剪下的文字或许与您的某个想法不谋而合，这是替代的最佳表达。完成这个由文字和图片构成的拼贴画时，你无须考虑太多庭园设计样式的问题。直接把想到的写下来，仅仅花一点精力考虑一下这样或那样的想法，是否适合你所能使用的庭园空间。图片的由来一样不重要，不管它来自旅游、杂志或是您看到过的庭园拍下的照片。只是为了把您的幻想具体化，其他一切看似注重实际的做法都是多余的，只会束缚这项充满激情的工作。

### 完善您的幻想

完成创意样式"拼贴画"通常需要数周甚至数月，请留出足够的时间来做此事，因为有时您的想法会随之改变，或者发现了更适合的图片来推翻您的最初创意！

后院的一个微型景观，被小的热带丛林环绕

禅庭园和丛林景观在这个与众不同的庭园中碰撞。有时候，幻想让对立成为统一

如果您认为已经完成，就可以开始下一步，这个环节需要更多的实际经验。列一个简短的清单，写出您列入计划的庭园区域需要些什么。

## 有意义的区域划分

首先是区域划分：您需要座椅、花坛、一个亭子或者要一处冥想的地方，还想让庭园融入流水的灵动——垂直的瀑布或流淌的小溪。划分独立的区域一般很少超过四五个，接下来考虑您的创意样式拼贴画中的元素，给不同的区域找到合适的创意。有些东西很简单，比如座椅肯定适合露台，用于遮挡视线的固定设施也会很快选定，

因为多数情况下人们很明确地知道该用在哪里。其他的步骤或许很费精力而拖延很久，所以在幻想构思阶段要仔细考虑，避免日后的遗憾。比如怎样用楼梯或其他一些举棋不定的元素把园中各自独立的区域衔接成一体。一些很有实际意义的考量在此也显得很重要，例如：如果您会经常在园子里享受美味的话，桌子或烧烤架不宜离房子太远。这些都解决了，工作又继续向前推进了一步。

### 把旅途的印象体现到庭园

许多充满幻想的庭园的诞生，是由于它们的主人想把自己度假的美好回忆鏨刻在庭园中，寄托自己的情感。这种回忆因此成为一种动因，使得庭园设计与日本的、中国的或其他的梦想目的地相似。如果您拍了照片，那就要仔细研究，考虑如何转化到庭园中来。特别在设计座位和装饰时，照片会起到很大的帮助作用！

左图：庭园里中式拱桥的设计，使得后面的空间得到拓展。这对于联排别墅也不失为一个好主意

## 庭园之画

对要达到一定氛围的庭园，视觉上有关键刺激点很重要。它们可以是某种附饰或者固定的庭园元素，还可以是特定的颜色。由于幻想式庭园完全出于个人的创意和幻想，您可以把它理解成充满生命力的一幅画，因此用丰富的色彩突出设计是很好的，可以创造真正富有情调的画面。地中海式庭园设计采用黄色的陶土，如果换成亚洲式庭园，会有很多的颜色来替代这种单调，给人留下深刻的印象。在日式庭园中棕绿色渐变的石块、石子和植物，还有在桥和门以及其他一些建筑上大胆运用的亮红色。泰式庭园中

色彩更加丰富浓烈，这种愉悦生活的色彩体现了真正的泰国文化。您可以自己选择色彩组合，只要适合您的观点、体现您的个性。色彩犹如庭园之画一个很好的注脚，像一个固定的庭园元素一样可以影响庭园的整个状态。试想一下，拿掉一扇有特色的门，可能庭园的亚洲式风格就会减少一些。

幻想庭园还能很理想地用于现有庭园的改造，赋予它崭新的面貌。通过少数的变化就可以给人完全不同的印象和情调。画面再次向您展示，色彩有多么重要的标志性作用。在此书关于"庭园元素和装饰"的章节中，您会学到一些知识和技巧并在庭园改造时使用。

幻想庭园与古典和现代庭园的根本区别在于，它无须是自然景色的翻版——不管它是集中某个主题还是其他类型的，符合传统意义的现代庭园是不存在的，比如安静、灯光方面的要求等，它的目标很明确——乐活其中！在自己的空间，按自己的想法享受生活。从这种角度看，可以把它理解成经历庭园。幻想庭园彰显主人的个性，所以很难制订统一的设计规则。这样或那样对庭园设计的不同理解经常互相抵触，更有趣的是不乏怪诞和低俗之作，涉及庭园品位的争执一直不绝于耳。诸如此类的设计案例不胜枚举。在一位老先生的别墅您会看到这样的动物造型：一米高的乌龟，还有用黄杨和紫杉雕刻的鸟的造型。庭园历史性的观点是：您唯一可信的、捍卫的，就是您自己！在这点上完全和真实性南辕北辙。

右图：在马德拉岛的庭园中，这个角落突显日式风格。亚洲的庭园艺术在全世界都有拥戴者

# 展现幻想和情调

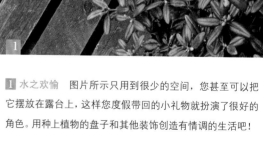

**1** 水之欢愉　图片所示只用到很少的空间，您甚至可以把它摆放在露台上，这样您度假带回的小礼物就扮演了很好的角色。用种上植物的盘子和其他装饰创造有情调的生活吧！

**2** 庸俗　在幻想庭园里绝对是允许的，图中的景色颇能引人驻足。

**3** 自然的装饰 苔藓会很快在盘中安置好，它们突显了庭园安静的特点。此外，用手触摸这些微潮的苔藓会给人清新的感觉。别轻看这样细微的小创意，它们可以营造特别的气氛。

**4** 茶时光 悬系在树梢的茶包预示着庭园聚会的美好时光，有趣的饰物同样是允许的。

**5** 祭坛 在亚洲每个国家都有，可以自己制作，也可以是旅途后带回家中的。它是幻想庭园中最具真实性的装饰物。当您看着它，您会想到，那个国家的人们此时此刻在做些什么呢？它引起您追忆来自另外一种文化的风俗习惯。

# 幻想是跨时代的

幻想庭园来自您的创意，它不限定某个时代或某种风格，也不会甘愿屈服潮流。因此您的灵感可以从众多的其他设计创意中博采众长，来自现代风格的或是优雅的传统庭园设计。

然而还是有一些标志，把幻想风格与其他亚洲式庭园界定出来。其中最大的区别在于区域划分，在充满幻想的庭园中从来不会用直线的、死板的方式来进行此项工作。这里极少讲究对称，也没有规则的几何形状。它的外观总是天然的、有机的。你当然也可以使用方形的椅座或把路铺成笔直的，不过这些规则线条要与天然的比如拱形或自然的直线结合起来。以现代设计手法主宰的连贯的基本形状，使现代风格很明确地与幻想庭园区别开来。同样，对古典亚洲式庭园所规定的自然样板，在幻想庭园您也可以不考虑。当然这并不意味着您不可以在某个独立的区域模仿其他风格来设计。

## 创意无止境

给幻想庭园下个定义，绝对不是件随意的事情，因为它来自于幻想的自然。它的丰富内涵犹如变幻无穷的万花筒，根本无法逐字逐句来描述。这还体现在材料的选择上：您可以选择现代的或传统的材料以及不同的加工方式，您甚至可以将它们结合起来综合运用，这样的效果图看起来很神奇。

左图中的小路，以木质为主并带有一个混凝土圆台，这条路还可以模仿传统的日式庭园，以石头铺设，路旁栽种松树，这将是另外一番景色。右图展示的是，传统的形式和现代的材料完美结合，打造出让人信服的亚洲式情调：水池之上自然成形的石块引领您到对面休憩的角落，木甲板让人想起日本房前的露台。

多么简单。第62页的例图中，庭园中的亭子首先表达出传统的风格，它很容易让人想到中国和日本的关联。其次吸引眼球的是植物，无论是它的修剪形式还是色彩繁多的叶子以及起装饰作用的树丛，都突出了占主导地位的欧式风格。这样的叶子和树丛常用在前院，没有人会用亚洲式风格来描述它们。如果有人对亭子的印象很强烈，那么它可以给周围的景色比如树丛做一个重新的解释，整个画面会显出亚洲式风情。

两个庭园，引用漫步庭园充满幻想的传统并与现代创意相结合

## 设计上铺平道路

尽管在前面两类例子中有西式的装饰和植物，幻想仍是您通向亚洲世界的指南——以与众不同的方式。书中所选的案例肯定都是特例，不过从中您会看到，曲线在庭园表现形式上是多么难以做到，而用普通的材料达到所需要的风格是

*左图：* 在幻想王国一切都是允许的，您在亚洲式庭园再也找不出像这幅画中如此多样化的植物了

## 收集旅途印象

众多的幻想庭园各具特色，它们总显得独一无二，所以多参考一些案例是很重要的，在一定程度上保证您判断个人创意的准确性。如果您人在旅途，请用相机做好记录，因为照片会帮助您把幻想的东西具体化，借助网络也可以找到一些图片。

# 充满幻想的植物和附饰

植物是幻想庭园的重要表达方式。树木、丛林、灌木抑或是盆栽植物都能起到重要的强调作用。植物可以是多种颜色的或是统一和谐的，可以是热带的也可以是本土的。它的作用不单单是植物本身诸如生长特性、颜色、叶子和花开的形状所决定的，重要的是，您怎样把植物合理布局。中国和日本庭园中的植物比较而言显得单调重复，它们仅限于那么几种固定的外形。生长方式有两种，即自然生长和人工修剪成形，杜鹃总是被修剪成形，还有松树、枫树、竹子等。幻想庭园的基本形式和固定元素，您可以

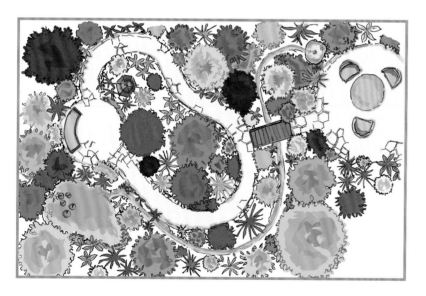

从很多经典保留样式中挑选。您只需做出选择：您的幻想庭园是古典与现代的混搭还是东西方的结合，或者是纯粹的异域风情乐园，让您想到度假目的地巴厘岛或者泰国。由于幻想庭园分类很多，随之而来的植物也有巨大的选择空间。热带风情的庭园，您会偏爱枝繁叶茂，竹子也是一个

好选择。您自然也想把棕榈树和盆栽植物结合起来，您会在"花坛和植物的组合"章节了解到更多关于这方面的知识。

## 植物的搭配组合

幻想庭园的植物养护起来比较省力，比如我们庭园中引入的日式组合植物就因此受到青睐。右图是一个完美植物组合的例子，有扇形枫树、棕榈树、竹子、日本杜鹃和其他常绿阔叶植物。冬季需要保护的大型灌木来自智利，人们喜欢把它用在亚洲式庭园中具有英国田园风情的区域。完全不需要有顾虑，您可以按照西方的传统来搭配庭园植物。还有很多来自中国和日本的植物，它们是亚洲的象征，因而要慎重取舍。在使用这些植物时要考虑庭园的面积，是用在较大庭园的某个区域当作"亚洲式庭园专区"，还是您只有一个很小的庭园。

**右图:** 图中的植物来自不同的大洲，因为有了桥这一关键的视觉刺激点而使整个画面显得颇具亚洲风情

装饰对恰如其分地烘托气氛是很重要的，它们散播的地域情调胜过一个好的庭园规划

充满幻想的植物也包括不耐寒的盆栽植物

因为庭园越小，园中所有的一切就会越快被一览无余，那些没达到预期设想的或者空间狭小等缺陷也会很快被人察觉。在古典风格中作为样板的地貌如山丘或者溪流，和与之相配的树林组合在一起，在此则完全不同：您并非关注自然给定的样板，而是自己来创造一幅美景。人们往往会低估创新的神奇力量，充满幻想的庭园仿佛是创建者的手迹！它由众多独立的元素构成，最终归结为令人信服的一个整体。现在我们回到之前准备的"创意拼贴画"，您从中可以找到从植物到装饰的很多资料和信息，合理运用以达到与庭园协调匹配的效果。既然幻想庭园不依赖现存的模式，那么在设计和实现创意的过程中，一种无形的力量也会起作用。

## 获取积极的能量

中国的庭园源于不同专业领域的组合：首先是绘画艺术，因为它是一幅自然美景图画；接下来是植物学，人们必须知道植物来自哪里、该如何使用；还有历史学、文学和建筑学甚至艺术也都同样与之相关。在设计庭园时，专业人士会确定哪些自然力量会对园子的主人产生积极的作用。

右图：许多大的盆栽植物给庭园带来一股热带气息，也能给人们的身心带来很好的感觉要确保主人待在园中感觉健康舒适，并长期对庭园感到满意，需要结合天文和地理的知识，帮助人们获得积极的能量。地势、气候及微气候、光线条件、植物都影响这种能量。它们创造一种最优化的关系，把积极的能量传递给人们。庭园不仅是来自日常生活的装饰成果，它还可以给您力量！幻想归根到底是为了积极的生命之感。

亚洲式风情的
庭园设计

# 庭园的空间和材料

庭园的格调决定着它的功效，格调绝非产生于偶然，而是良好规划的结果。为此必定要遵循一定的规则。

至此，您已经读到许多关于格调对亚洲式庭园巨大意义的阐述；同样也读到，在计划开始之初面对可用的空间，您要确定偏爱哪种风格——古典的、现代的抑或是充满幻想的，这样才能有意义地利用好空间。在这点上首先要明确的是，你是要规划一个全新的庭园还是对现有的进行改造。规划全新的庭园相对简单：就像一套毛坯房，您可以不受限制从一块地皮开始规划，同样有利的条件还有，庭园里没有任何植物，您的植物设计可以不拘一格。

困难的是，你已经拥有一个庭园，想按照亚洲式设计理念对它进行翻新或局部区域的改造。你必须让自己努力做到，现有的东西一律视而不见，树木、灌木丛、栅栏甚至小路、座椅全都不予考虑，让你的幻想充分发散。如果您在庭园规划上已经有一些经验，可以自己测量——整个庭园或是局部区域。测得一个长12米、宽16米而且平整的平面，这对您下一步的设计会有帮助，露台需要占地多少，它和旁边的小路及其他的庭园元素空间关系怎样。在最初就要考虑，您随后要在露台上添置些什么，露台能容纳多少人落座等。

## 草图规划

比较简单的解决方法是：在草图上一步步进行具体划分。考虑有没有单独的空间来摆放座椅，它该怎样与周围界定开；庭园的小路怎样和这块区域连接；哪些位置留给固定元素比如墙面或水塘。先粗略地画出露台和座椅的空间占位，如果需要设计某种形式的水元素或亭子，也要首先勾画出来，接下来考虑道路和花坛。这样一步步进行下去，会得出既满足您的需要，又体现个性的最优化的设计方案。

亚洲式庭园的细微之处也值得悉心观赏

# 逐步规划庭园

纵览亚洲式庭园，它们有着一个特殊的要求，即能在您眼前打开一扇世界之窗，满足您对异域风情的向往和渴求。如果您选定某种风格的亚洲式庭园，那您一定不单单是出于美学方面的考虑，举个例子来说，禅庭园以其质朴无华之风让您着实喜爱，并想把其中的画面用到自己的庭园。这绝非简单，因为您园中现存的东西必须与之和谐统一，这不是靠简单的幻想，而是需要思路清晰的考虑。区域划分首先要按照日后每个空间能发挥其功能的原则。哪里是坐的地方？在哪里能欣赏到这种风格的景色？在哪里吃饭？还有许多其他细节的问题都要考虑，因为庭园是用来要满足您需求的。正因为如此，首先要考虑充分合理地利用每个单独的空间，如果这一步做得不好，以后会遇到很实际的问题，那就是从一个区域步入到另外的区域，您会觉得很不舒服。

## 个性化的空间划分

如果您观察一套房子，会发现决定它整体效果的不是其中某个房间的装修，而是整个空间的衔接方式，即怎样通过楼梯、过道、门将局部连成一个统一的整体。在这点上我想提醒您，要规划的并非仅仅是整体印象和氛围，您还要让自己在庭园美景中充满活力，个性化需求在园中

游刃有余地得到释放，只有这样，庭园才会是您生命中真正的一部分。如果忽略实际感受，那么最终它仅仅能当作一幅画作来观赏，身处其中，您感觉仿佛四处碰壁。我认为，把自己的需求以合理的方式表达出来，对大多数庭园主人来说并非易事，尽管他们脑子里想得足够多，认为庭园该是怎样一番美丽景象，甚至能在一些小例子上体现这些想法。

大多数人觉得从小处着手工作会比较容易：比如他们很清楚地了解某样家具或装饰，以及其他具体的庭园元素，并且常常在庭园整体规划开始前已经在庭园的某个角落为它们找到了位置。这对亚洲式庭园、其他庭园比如地中海式庭院而言，都是可以理解的。因为装饰性的东西对显示庭园的氛围是很重要的，因而这种工作方式也是有意义的。真正开始做规划了要有可行的步骤，组织实施时要尽量避免失误。如果不是您亲自做规划，那么就信赖专业的设计师，值得注意的是，和设计师之间要充分沟通，他应当接受并整理您的初衷，设计要符合庭园的地貌特点。

## 充分利用庭园

庭园面积大小是设计最根本的出发点和依据。如果您只能使用150平方米的空间，那就不用考虑宽阔的漫步式庭园了。亚洲式的"雅座"不

左图：一个小的日式庭园不需要占很大的地方，图中的庭园几乎不到一个中等的嬉戏草坪那么大

失为一个解决方案：在园中留出一小块儿空间单独使用，您可以享受一个园中园，让东西方庭园艺术在这里相映成趣。

您会提出这样的问题，庭园看起来该是唯一的独立空间还是互相关联的空间组合，正如一套房子和其中的各个房间。第二种模式要更知名一些，首先是英国著名的西辛赫斯特城堡的白色花园（Sissinghurst），还有其他的英式庭园都因此受到人们的喜爱。无独有偶，在亚洲也是如此，比如带有茶舍的茶庭园，各个空间既保持彼此独立的特色，又共同融入一个整体，带给人完整和谐的享受。

上图体现了小路和植物的和谐关系

图中显示正确的比例：只有树冠部分的松枝越过内院的低矮建筑，松枝整体看上去则弥散整个空间

## 规划庭园空间

设计庭园空间时，要考虑到空间彼此之间以及它们与别墅的相互联系。

### 空间舒适感

我们要研究的是，如何利用好现有的空间。"好"在这里是能量优化的同义词。庭园的主导形式是和谐的、有机的，棱角和轴对称在此都会黯然失色。欧洲庭园史上保留的范例中，没有相关的内容给设计师参考。庭园规划中涉及金、木、水、火、土，"五行"学说同今天的数学、物理一样，一直是中国古代先贤从事各种研究的工具与方法；八卦是阴阳、五行的延续，万物都包含在八卦之中，它们是：乾、坤、震、巽、坎、离、艮和兑，对应着八个方向。在划分地域时，要请专业人士确定空间划分以及每个设计元素应该安排在怎样的位置，以期望获取更多的能量，每个家庭成员在园中也会适得其所。在西方对五行元素的设计创意是多种多样的，有些元素可以有它的替代表现形式，比如金元素，可以用一个饰以浅灰色花岗岩的圆形露台来形象地表示。当您步入庭园，它会首先映入眼帘。随着日后的亲密接触，您的感觉会更加具体化，并且还会在庭园的其他区域找到同样的感觉，当然，最初的感觉无疑记忆最深刻。这就好像两个人见面，第一感觉往往会决定人的判断。庭园规划是让人们一开始就感受到一种无形的舒适氛围，尽管可能无法用语言来形容这种感觉。

这个区域严格按照直角线条设计，这种设计实现了能量最优化——通过植物或自然断裂的棱角边缘

岩石是庭园中具有象征意义的重要角色。一部分区域可以有选择地嵌入一些岩石

## 人与地之关系

每个庭园都要有代表家庭成员的象征性标志，借此反映理想的状态，释放积极的能量。如将一块长的、有棱角的岩石的一半埋入地下，象征一家之主的父亲。用一块玲珑光滑的石块，以平躺的姿态同样埋入地下，代表母亲。还要模仿父母，同样设计出象征孩子们的造型。石块埋入地下是很重要的：这象征着与地气的紧密联系，使人和地的关系持续稳定，这就构成了景观的框架。

人们找寻镇守四面的神灵动物青龙、白虎、朱雀和玄武的造型，希望它们能带来吉祥、保佑平安。青龙为东方之神，白虎为西方之神，朱雀为南方之神，玄武为北方之神，这四种圣兽占金木水火四行。人们认为带有这种含义的别墅外形，对人的健康也是有益的，而四周无遮拦的柱子及光秃的树干，或者枝干不是迎着太阳向上生长，而是低垂向

### 和谐很重要

如果涉及庭园的和谐，欧洲的庭园设计原则在亚洲式庭园中也会用到。业余时间尽可能地多参观一些庭园，以提高您的欣赏能力。

图中对砾石做的处理显示出能量可以环绕自然障碍流过

下，这种现象让人感到悲凉，所以要优化空间和环境。

柔和的颜色和浑圆的外形带给人很好的感觉，这是由风水产生的

## 与自然同在

好的规划如同春雨润物，带给您亲切舒适的感觉。从欧洲庭园我们已经了解到，它与亚洲庭园学说及其思想境界根本没有连接点。我相信，西方人认为东方人所表达的设计比例只是出于和谐的考虑。气场形成独特的生命能量，这在亚洲是很重要的，人们的整个世界观因此而调整，即实现流动的气场。欧洲人对于"气"和这里说的"能量"很难理解，能量对于他们只不过是一个技术领域的概念，直到20

世纪才有其他思潮涌入欧洲，它俨然成了一个时尚的新名词，人们竟然忘记了在所有亚洲的世界观里，气场一直是以和谐的方式同庭园共为一体并影响人们的。每个庭园的主人在园中生活和工作，只知道气场能相对影响一些事情。在此提醒人们：进行园艺设计最好不要违背自然，要和自然同在！知道人和自然是关联的，就有了获取能量的道路。如果庭园是按照您的愿望与地势条件相结合而建造的和谐整体，您将在园中悠然

**右图**：和谐不一定都依赖于亚洲式的设计元素

自得。如果有意识地维护这种人与自然的和谐关系，庭园就是脱胎自然的一部分。

## 流畅的通道设计

现在您对能量观有了进一步的理解，如果想让园中的通道更流畅些，比如通过一道门分隔开，使人能很自然地走到下一个区域。过道给人一个信号：注意了，将有新的景色吸引您的视线！如果靠近别墅有座椅，园中有锦鲤池塘或在其他地方还有某样比较醒目的东西，请注意要把物与物之间衔接起来。如果面积允许，可以通过一条笔直的小路标示出两者的联系，如果采用弧线连接，必须要有一个确定的理由。一条蜿蜒在平整草坪间的小路，从能量的观点来看毫无意

义。人们不能直接到达目标，而必须绕来绕去，这真的是浪费能量！如果路上有一些岩石或植物之类的障碍物，那么绕路就不可避免。最好遇到每种情况，都选择与地势匹配的连接形式。

# 修剪样式和空间结构

**1 成形的树丛** 图中的紫杉很理想地成为空间的一部分。如果可用空间狭小，您不想用流行的视线遮挡方式比如一堵墙或篱笆，那么这是一个很好的选择。

**2 落叶灌木** 图中的小檗属植物和小叶矮树丛不仅修剪得外观漂亮、疏朗有致，而且给庭园增添了色彩。

**3** 天成的特殊形式　图中的宝塔糖块——云杉不需要修剪。它们是重要的亚洲式情调元素。

**4** 景色地貌　就像日式庭园中经常通过修剪成形的杜鹃所表达的一样，人们可以通过黄杨和其他常绿植物来演绎地貌。小叶杜鹃在绿叶的映衬下，显得格外娴静。

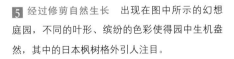

**5** 经过修剪自然生长　出现在图中所示的幻想庭园，不同的叶形、缤纷的色彩使得园中生机盎然，其中的日本枫树格外引人注目。

这个庭园由于选择的植物和家具的色调显得很有经典之风。它和庭园的其余部分没有隔离开

## 敞开的和有界定的空间

如果您属于这类庭园的主人，只想在园中的某个区域显示出些许亚洲式格调，摆在面前的情况是：庭园已经设计完毕，您想借此锦上添花。您现在可以决定，这个区域是像一套房子里的一个房间那样与周围界定开来，还是敞开式的。这取决于设计状况和与之匹配的设施。图示的三种设计都是成功的范例，亚洲植物在此作为特例使用，营造出小小的亚洲式情调。淡雅稀疏的树下，沙砾坪可以让人们在此坐下歇脚，心也随之宁静，一起融入被树丛和植物覆盖着的大幅画面之中。比邻沙砾坪的是另一个部分，图中区域的中心有一个木制的亭子，其精心打造的暗雅外观颇具异域风情，搭配的植物也显示出设计

者匠心独具的构思，日本枫树和石块又平添了几分幽静和谐，这是一个很好的例子，体现了由西方到东方设计创意的过渡，在此不需要界限，因为两个区域的色彩和样式都很相似。

### 园中园

第81页左上方的图看起来完全不同：在草坪的下面要建造一个独立空间的亚洲式主题园。向上通过一面石墙来界定，向下通过竹栅栏和植物来界定空间。入口非常不起眼，这样人们可以首先环顾四周。入口设计与农庄相类似，设置简单的木栅栏仅仅为了防止车辆和野兽的进入。一个局部的亚洲式区域，未必要有与周围相关联的表

这是其余的部分空间，具有亚洲特色，通过楼梯或竹门可以通过，外围没有遮挡

在这里，西方的植物和亚洲式的木桥组合在一起

达主题。如果这个例子是另外的情形，那么一个独立的元素要在庭园的两个部分重复出现，以示它们是相关联的。最简单的情况下，您可以用个性突出的植物比如竹子、沿藤架或墙攀爬生长的植物或者日本枫树来体现。像岩石、沙砾这样典型的材料也可以用在不同区域来显示它们的统一。在亚洲主题的园中园中彰显格调的物件，您还可以用于其他方面，比如竹子绝对可以显得很时尚，岩石也可以只用来装饰，不再是能量的象征。尽管如此，它们像一个括号，使整个庭园保持设计上的整体性，这也是建立亚洲式灵感和谐的一种形式。

## 强烈的视觉信号

右边的图完全不同。这个微缩的小园子装饰得格外显眼，红色的拱桥充当着视觉信号的角色。踏入园中，您会立刻想到日式样板。不一定要与其他庭园划定界限，因为最突出的设计元素——桥，人只在上面行走通过，在这个位置只为欣赏园中的景致，绝不会长时间停留或休息。微小的、局部的亚洲式庭园以这种突出视觉信号的方式融入整体，这个信号也成为整个庭园的一个特别亮点。

## 一个庭园，多种可能

传统的日式庭园常常根据面积大小和地形情况，将不同的区域统一在园中。其中的区域比如茶园，用来举行特定的仪式，因此有很明显的实用性和通畅性。其他的像无水庭园，则更多从实用角度出发，最首要的原则是静观，即在这里冥想，人们还可以在它旁边的拓展区域中漫步。这些漫步庭园可以让人感受到水或者森林等不同特色的风景。在500到1000平方米的庭园中，甚至可以造一个广场，把不同的区域连接起来，更好地实现观赏功能和实用功能的完美结合。在庭园的尽头可以设置一个亭子，一路走去，步入独具设计风格的空间，感受别样的氛围。

您可以将园中不同区域设计得互相联系或者各自独立，就像这几页中来自德国北部私人庭园的例图，就是最好的证明，它显示出：在设计日式庭园时，完全可以把多样化的创意和传统的模式有机地结合起来。

### 自然景致

下方的图片上，您看到淋漓尽致的森林景观，彰显大气。繁复多彩的树丛、错落有致的形式交织成一幅醉人的植物画卷。地面铺以浓密的青苔垫子，温润的气息迎接着您的到来，脚踏石仿佛是垫子上的隔断，它们以很近的间距摆放着，人们被不由自主地放缓了脚步，随着时间的

这种称作"Torii"的门，是日式庭园的经典特色：充满情调的通道，带您进入崭新的区域

流逝，心境在平和中得到滋养。铺设地面的选材要像图中一样，与园子的风格相匹配。

工具自己动手去做，尺寸也随您心愿而定。墙的后面是一个水庭园，在右边的图片上可以看到，墙可以用来分隔两个区域或形成一个通道，将两种可能性合二为一，这种设计在超过1000平方米的庭园得到成功的应用。

严格而有格调的自然外形主宰着水庭园

## 传统的元素

左上方图中看到的是茶庭园的一角。这是个被称作"Torii"的门，很像我们说的"鸟居"，是日式庭园建筑的经典元素。上下两根横梁与两根直立的柱子交叉支撑，这种样式最初用在庙宇、神社的入口处，在您的庭园中也可以用它来划分不同的区域。这样的门您完全可以用简单的

**左图：** 图中展现经典大气的森林景观，画面前面的日本枫树几乎不及腰高

### 合适的地面铺设

规划亚洲式庭园，要特别注意选择合适的地面铺设，它是庭园的基础。要努力使地面铺设起到使整个庭园和谐的作用，切忌与植物和周围环境形成对比。

# 道路和地面铺设

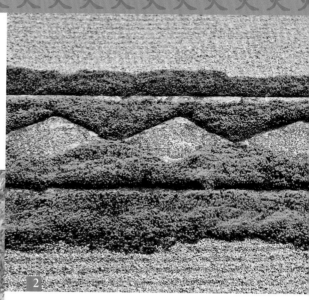

**2** 原生态方案  上图中的地面铺设由砾石、苔藓和装饰性铺路石组合而成，图中所示是在京都的禅庭园。

**3** 选择大的规格  选用大的脚踏石一直颇显优势，它显得大气并且踩踏舒适，间隙用砾石填满，注意：铺脚踏石时要精准！

**1** 创新的解决方案  此方案是钟爱幻想庭园并且对现代亚洲式庭园充满激情的人士的首选。在石子坪上铺以圆框，形成圆形的草坪，让人耳目一新。其他工作也很简单，不锈钢或合成材料制成的圆框易于保洁，修剪杂草用电动割草机即可完成。

**4** 规整的路　可以主宰庭园空间，园中醒目的台阶互相连接着，沿着高低不同的台阶拾级而上绝对是令人兴奋的。

**5** 木表面　在设计得体的空间散播着舒适惬意的气息，图例中木盖板和沙石混搭，色彩交融。

**6** 混合材料　是幻想庭园的理想选择。天然的石头摆放成有规律的多边形，旁边是地砖和砾石，不同的材质、不同的色彩构成一幅极富感染力的画面，右边的装饰图案给画面平添几分动感。

# 实用的亚洲式庭园

按照日式庭园的样板，人们在庭园中散步和休息，这在相对较小的庭园中是可行的。下图中的设计模式将两种功能结合在一起。如果您不是一味膜拜日式庭园艺术，而是也会使用平凡但很实用的元素比如遮阳伞，那么这个设计是很值得推荐的。铺设地面的材料采用素色砾石替代草坪，人们跑起来会更舒服些。其余的还有，把现代的和经典的材料相结合运用到设计中，比如现代风格的木质露台和天然的岩石颜色非常搭配，画面显得很和谐。这一切已经使得设计草案令人信服，而修剪成

高高的竹帘遮挡住视线，也使座位处于庇护之中

形的树丛又起到很好的强调作用。接受岩石的天然形状并且通过切割艺术赋予它们一定的特性，这种个性特征体现在脚踏石上，它们不适用于很大的庭园，因而铺设的时候间距很小，人走过的时候需要怡然迈着碎步。将庭园进行有机地划分，各部分又不是孤立地发挥作用，这样的庭园不仅很有魅力并且兼具实用性。

## 一些重要的问题……

如果您想在自家庭园模仿例图的设计样式，以下的要点对您会有帮助，尤其对于小型庭园。

❋ 粗略地考虑一下，想把突出实用性的区域设计在哪里。座椅该摆放在何处，这通常视具体情况而定——在树荫里还是阳光下，首要考虑何时用到它以及用它做什么？如果是要坐下来吃午饭，那么设计在南面又没有遮阳设施显然不好，原因很简单，太热了！还要考虑，烧烤架摆放在何处？遮阳伞该摆放在哪里？

❋ 怎样设计从庭园入口（庭园大门或露台门）直接到达这个区域的小路？要粗略地画出草图。

❋ 接下来要考虑，是否存在自然的障碍物比如树或其他地势结构，它们会阻断直达的那条小路。如果没有障碍物，那就在纸上模拟画出几个。岩石块或植物自然比一面墙更合适，还要在纸上画出绕道的路线。

**右图**：这个别墅花园是个成功的例子，砾石做坪铺盖地面，木夹板似在引起观赏者的注意

# 充满幻想的设计植物

现实中确实有这样的庭园主人，他们没有财力支付昂贵的建造费用，不管是局部改建还是新建一个庭园。新建和改建的效果都和投入的资金紧密相关，如果预算紧张，就没有可能在园中设计一些体现亚洲式风格的固定设施，也没有可能采用全新的创意来改建庭园，这时可以通过植物来帮助您实现梦想。

## 利用植物做规划

植物相比其他的材料比如天然的石头，不仅价格低廉，而且植物自己会长大，所以在最初添置的时候不一定选择很大的，这不言而喻是一个很节省的决定。植物总会毫不吝惜地装扮庭园，给它以崭新的面孔。

## 亚洲的庭园明星

在亚洲式庭园设计上有一点要注意，那就是我们庭园里的植物大多数源自中国和日本。种类繁多的日本枫树或是竹子，几十年来一直是庭园植物的固定组成部分。还有菊花、杜鹃、蕨类植物、攀爬类植物、开花灌木丛，它们错落有致，在不同的季节都能把庭园装扮得色彩纷呈、香气四溢。

植物塑形的方式，连接着东西方——人们总是在修剪阔叶树丛或针叶树丛。您看到了，可以利用的植物范围很广泛。或许在您的庭园已有一些植物，让它们闪耀在您的亚洲式庭园创意中吧！

## 充满幻想的植物

设计幻想庭园时优先考虑植物是很适合的。幻想庭园不同于另外两类即经典的和现代的庭园，它的设计理念要受到建筑质量的束缚。通过实践我很成功地发现，中国和日本的自然植物作为幻想庭园的样板是很成功的，其中树林景观尤其值得推荐。在一片热带风情的茂盛中您会想起喜马拉雅的季风山坡，那里潮湿的空气中种类繁多的树木、灌木和竹子。

步入植物繁茂的亚洲式庭园，您会被深深地吸引，忘情地陶醉其中，并且笃信：远离尘世的喧嚣，您能拥有一方净土，对这种信念起决定作用的就是所选择的植物。纯理论的植物学说未必都适合自然的丰富多变和个人的愿望，索性把您所爱的植物都放在一起，比如竹子这种个性鲜明

别墅花园，在欧洲和亚洲都能找到，拥有典型的来自中国和日本的植物

又有价值感的植物，突显亚洲风格；又比如把常绿的杜鹃花属植物和山茶花搭配，和灌木丛一起营造茂密的植物景观；也可以种植百合，夏季在园中增添一抹亮色。在较小的空间里您也可以醉心植物的美，参见第88页的例图。

---

### 用植物遮挡视线

用植物遮挡视线不一定总是用修剪过的灌木丛或深色的针叶树。每种植物，只要达到一定高度，都可以满足遮挡需求。尝试着将有意义的视线遮挡植物引入园中，使它们像美丽的幕布而不仅仅是分界遮挡！选择不同的植物，有不同的高度和生长方式以及叶子颜色，以增强空间效果。

**左图**：日本枫树、玉簪和蕨类植物组合在一起，很是秀美，灵感来自亚洲的山林，形状和颜色的对比让人醉心其中

## 现代的庭园空间

现代的亚洲式庭园是相当有品位的，如果您偏爱它，就要侧重考虑建筑的质量，少花精力去考虑感性的东西比如庭园的氛围。那些喜爱线条清晰的别墅及庭园的人士，在规划设计时一定要有样式严格的草图，事实上现代亚洲式庭园的设计样式是不容动摇的，一直遵循线条简洁视线清晰的原则，即使是在细微之处，也能让人感觉到设计样式的存在，因此所有的现代庭园设计草案都会使庭园与外界有一个明显的界定，这方面与经典的和幻想的庭园是一致的，因为它们三者都是从周边突显出来的相对独立的世界。

### 视线遮挡和空间

视线遮挡是庭园设计的重要组成部分，它能使庭园更好地发挥功用。如果您的私家庭园不被左邻右舍窥视，是多么妙不可言的美事。视线遮挡是现代亚洲式庭园的设计关键点，比它的实际功用还要重要。因此您必须引起足够的重视，并且要时间充裕地去精心挑选合适的材料。下方的例图给您一个很好的印象，选用芦苇编织细帘这种轻盈的视线遮挡方式，既美观实用又不让人感到压抑。这与周边环境也有关系，环境安静，就可以选择这种芦苇编织的遮挡方式，否则，就要考虑选用一面墙或玻璃。

这个舒适的庭园空间有热带风情，兼具现代风格。视线遮挡采用精致的芦苇帘子

为了避免周围环境因素的干扰，应该选择有效的保护设施。不一定要有一面墙或者又高又密的围栏，您可以在庭园最外围的地方种植灌木或矮树篱。进入内院情况就简单多了，房屋的墙自然把空间界定开，会发挥非同一般的视觉效果。

右图：有时代感的亚洲庭园中，自然清新的竹子围栏几乎像一面雕塑。视线遮挡也要考虑装饰性

如图所示，篱笆和竹类植物很有效地把庭园与外界隔离开

## 视线遮挡和空间界定

**仔细考虑需要遮挡的位置**

视线遮挡保护庭园的专属性，您可以在这片乐土上尽享欢愉。在决定选用围栅前，您应该非常清楚，自己想要怎样的效果：完全遮挡视线，划清自家庭园与周边的分界线还是简单地遮挡以防止动物或不速之客的进入。划清分界线是一个好主意，尽管不是任何情况都适用。篱笆遮挡更常用些，尤其在第一次选址建造庭园时，人们还考虑不到今后庭园会发生什么变化。起初经过考虑选用篱笆，它的确没那么密实，也许之后要在篱笆前面栽种灌木或一些攀爬植物，也可以再采取其他方式，将视线遮挡和划清分界线结合起来更好些。

也许园中有些地方根本没必要采取很密实的方式遮挡视线。很可能有一个区域邻居从他家地盘上是看不到这里的，您只需要保护座位的地方能避开邻居偶尔好奇的目光就可以了。

在做规划之前，您要保持清醒的头脑，反复查看地形，进而认真考虑，什么是真正必要的。如果您在露台上会看到一个脏乱的停车场，而且视线无法遮挡，那您就要另选一个地方了。选定了亚洲式庭园，就应该在规划之初把视线遮挡考

图中的视线遮挡材料有惊人的亚洲式特色，因而特别适合经典的亚洲式庭园

这个在护墙上视线遮挡的解决办法很现代，木槽中的竹子又给这个创意增添了亚洲式气息

虑进去，这样可以避免日后重大的麻烦！这方面有许多选择的可能性，您完全可以拥有一个独享的世界。比如您必须想象整幢别墅或不适合的植物统统在眼前消失，因为它们在理论规定中有一个高度上限。此外，您肯定不想人为地把庭园面积变小，以合适的间距种植灌木或竹子会更好，因为它们能够达到需要的高度。松树和玉兰树组成的松散的围栏显得很自然，这两种树长得很快，不久就能长到几米高，会很有效地遮挡视线。您也可以把常绿的植物搭配到落叶灌木中，又比如搭配一些开花的植物和叶子色彩丰富的植物，会增加一些时令气息。

### 适宜修剪成树丛的植物

| 植物学名称 | 名称 | 叶子 | 修剪次数/年 |
| --- | --- | --- | --- |
| Acer campestre | 栓皮槭 | 落叶 | 2 |
| Carpinus betulus | 树丛山毛榉 | 落叶 | 2 |
| x Cupressocyparis leylandii | 杂交柏 | 落叶 | 2 |
| Fagus sylvatica | 红树丛 | 落叶 | 2 |
| Ilex crenata | 冬青 | 常绿 | 1 |
| Taxus sempervirens | 紫杉 | 常绿 | 1 |
| Thuja orientalis | 金钟柏 | 常绿 | 1 |

# 选择视线遮挡

**1** 遮挡VS吸引关注！ 例图中的盆景，在遮挡视线的地方反而吸引了关注的目光，这样的创意会使空间显得更居家，更有亲和力。

**2** 竹子 在视线遮挡上用途很多，和其他材料比如木头搭配，园中则尽显清透的画面。

**3** 庭园内部的视线遮挡 通过单一的植物即可以实现，靠它把空间分隔开来。由于遮挡了视线，会使人产生好奇——后面藏着什么神奇的东西？这种创意往往会给人带来惊喜！

**4** 板条篱笆 是典型的欧式遮挡视线的方式，但是也很适合经典的和现代的两类亚洲式庭园。注意板条之间要有足够大的空间，以免庭园显得窄小。

**5** 换一种考虑！ 为什么视线遮挡一定那么单调？尤其是在现代亚洲式庭园，您可以选择例图中有规则雕刻的木板。选用加工好的材料做遮挡视线，换一种思路，放飞想象，妙趣横生。

## 楼顶上的亚洲式风情

顶层花园是亚洲式庭园设计的一部分，它首先是一个能坐下来的地方。由于楼顶所处的位置很特别，没有像一般庭园那样的周边环境，因而提供了特别的设计可能性，从诸多角度来说都是有关注价值的。它完完全全是独立的，人站在高处，或许只看到一些更高的建筑，没有邻里相扰的烦恼。从高处俯瞰，城市画面尽收眼底，很有几分温雅的气息。楼顶的每一处设计都因其特殊的位置而显得高贵，好好利用这敞亮的高空优势，打造一个现代亚洲式庭园的乐园！

楼顶花园拥有天然的视线屏障，它如此之高，几乎没人能看到露台座椅上的您。当然它也有一些需要克服的基本问题，其中之一就是，这里的植物必须是适合高空环境的。楼顶常感觉风很大，即使在地面感觉不到。干燥的环境不仅对植物不好，当您坐在这里进餐或晒太阳时，也会觉得不舒服。所以设计一个挡风的区域是很有必要的，比如采用防风的遮挡材料。

楼顶花园，在高空把居住空间向外拓展，以现代装潢展示亚洲式居住的舒适性

这个区域最好设计在您常待的地方，比方靠近露台门或者现成的一个建筑墙面，这样能使您落座的地方更舒适，也更亲和。

**植物必须是强壮的**

有亚洲特色的植物对风的敏感度之高令人吃惊。试想一下被风吹打的松树或柏树将是怎样的情形！原来如同艺术盆景的风采一扫而光，只剩下枯瘦的树干像雕塑般孑然孤立在风中。因

此您一定要优先选择那些叶子牢固的植物，以便适应干燥多风的环境。针叶灌木是首选，还有一些矮的、叶形小的竹类和草，都可以选择。这些植物要紧密坚实地生长。设计楼顶花园的材料和装饰要比在地面有更强的表现力。上图中用作装饰的鹅卵石和盆栽植物，有雕塑的视觉效果。

左图：楼顶露台上盆栽的日本枫树和施釉的花瓶给这道风景加上了现代亚洲式风格的注脚

**楼顶植物**

在庭园里长势良好的植物，不是每一种都适合在遮蔽较少的楼顶花园生长。这与楼顶小气候有关，与在槽或桶中种植也有关系。对于楼顶的植物，始终要注意盆或桶要足够大，还要注意施肥周期，以避免长得过快，在楼顶生长缓慢的植物更能带给人长久的愉悦！

# 亚洲庭园的家具

设计亚洲式庭园是一次既享受又紧张的经历，在挑选合适的家具上也是如此。家具以其实用性把创意和舒适感结合起来。

亚洲和欧洲，在庭园中形成交织碰撞的世界。就在前些年，庭园作为居住空间的理念才在中国和日本兴起。在欧洲，人们把庭园理解为一个放松身心、提高日常生活质量的地方，首先为上班族的需求考虑，在公共场所增添了很多设施。至于私家庭园，我们通常都理解为是把四面墙拓展到户外的、满足个人需求的领地，这种观念在亚洲至今还未被接受。

## 天地之间的一片乐土

千年以来，中国和日本的庭园都同样以某种风格和划时代的烙印表明，庭园和谐地积聚了地球和宇宙间的能量，它反映了人们的世界观，把个人的需求通过庭园设计表达出来。即便是古代的皇帝也会考虑现实的自然状态，尊重自然的规律来设计奢华的皇家园林。在欧洲却完全是另外一番景象，人们总体上一直在延续百年以来的老观念，那就是人主宰一切，驾驭自然并利用它创造自己的世界——一个绝对文明的世界。

举一个例子可以清楚地对比东西方差别。在蔚为壮观的中国美景庭园，人们会驻足欣赏——简单地坐在岩石上或干脆站着；而我们呢？会尽可能设计好坐的地方，舒适地享受自然景色，就像坐在电视机前——圆形沙发上舒适地围坐。此刻您是知道的，每个亚洲式庭园都在描述着自然，甚至把细节都融入到设计中。可是您要在庭园中享受生活，需要舒适，对此您已经习惯了。

我想，把东方的庭园文化和现代的欧洲风俗结合起来是完全可能的。合适的家具能够很有意义地实现这种联系。您可以满怀欣喜地期待：亚洲式庭园可以成为非常亲和的一片乐土，最直接地感受异域文化的激情。您可以坐在舒适的座椅上，搭配得体的装饰，让庭园成为您日常生活的一部分。

## 居住空间还是装饰幕布

从茶舍到亭子，从石椅到现代座椅，从小型宝塔到蓄水池，给您的亚洲式庭园以足够的选择。您可以将亚洲式传统的、原创风格的和欧式传统的比如座位以及现代装饰元素结合到设计中。要想庭园真的成为居住空间，必须证实它具有这样的品质。这意味着，庭园的各个部分都必须和房子很自然地衔接在一起。请再次检查一下您的规划，是否能肯定地回答下面的问题：

※ 庭园的各个部分是否是一个有机的整体？如果座位紧挨着房子，摆放座位的地方应该有一条通往庭园的小路。如果座位设在园中，

那要考虑：走到座椅处是否需要很费力地绕道而行？

※ 您是否避免了死胡同？也就是说，人走下去是否会突然走到无处可去或突然走到了边界？

※ 所有的通道要足够高和宽，这样您可以轻松通过，或许还能在需要的时候很方便地搬运家具。

※ 摆放座椅或躺椅的私密区域，是否充分避开了好奇的目光？

※ 摆放桌椅的地方足够大吗？只有足够大，才能更好地发挥作用。当您和亲朋好友围坐一圈，不

在幻想庭园静谧的一角，小小的座位被茂盛的植物环绕——预示着观赏时间到了

仅需要舒适的座位，还需要搭配合适的家具，这样大家可以更好地享受庭园时光。

园的享用不是指满足活动需求，而是在于内心的体味——纯粹的观赏庭园。

在日本，人们改变用餐的家具摆设，同样起到变换景致的作用

庭园可以成为您业余闲暇活动时的幕布，因此在其中有很多事情可以做。完全有道理让有居家气氛的庭园符合现代的标准。不过亚洲式庭园毕竟有观赏功能，它们会令人内心充满喜悦和平和。如果您注意力首先集中在满足活动的需求上，那么庭园就只意味着是一个舞台，一种富有情趣的装饰。如果真的按这样的计划进行，请您重视针对不同的风格选用各自合适的设计。要注意人和自然之间的联系，大多数西方庭园的创意认为，在亚洲自然才是最主要的元素，因而对庭

## 充满幻想的结合

发挥您的想象，充分地尝试家具的风格是很值得的，这样才能了解它是否满足人们休息和活动的种种需求。家具的外形和材质也决定着使用效果。第100页例图上的沙发椅显得很现代，不过整体材质和色彩搭配以及枫树的叶子又让人感到传统的气息。细微之处的表现经常能产生意想不到的效果。家具不仅帮助您实现精致与实用的统一，而且还是满足不同需求的纽带，它还显示出我们对庭园的理解是否和亚洲设计有相结合的地方。

**左图**：此处以舒适的藤质沙发将休闲的设计与庭园空间的观赏性结合起来

现代家具的设计通常带有艺术性，家具和雕塑之间会显得线条流畅

## 寻找理想的家具

家具符合您的基础创意，满足您视觉和舒适度的需求，几乎可以随处购买到。当然也有亚洲式家具经销商，那里可以购买部分直接进口的家居装饰用品。由于传统的中式或日式的桌椅几乎无法满足西方市场的要求，您得自己亲自去寻找有风格的桌凳和躺椅。所幸的是，

庭园家具从没像眼下这样种类繁多，供人们精挑细选。

### 颜色和式样要般配

对家具而言，重要的不仅是外形设计，颜色和材质对使用效果也有不小的影响。在日本，庭园中如果有了亮红色，绝对不适合再选用亮红色的折叠椅，这样会破坏"两个声部"音色和谐的效果。您可以这样做：选择亚洲式样的或者有些极端的，就像上图中一样的家具。在这期间您头脑中有了细致的庭园效果图，或者已经把搜集到的样式具体化，也有可能自己列了一张清单，把所有想要配备的家具都画下来。这时您所向往的

右图：亚洲式设计元素，盆栽的竹子和现代设计的休闲家具成为一体

### 家俱的材料

| 材料 | 应用 |
| --- | --- |
| 防腐木 | 是实现个性化的设计草案的理想之选，自己可以很容易地打造高低不同的、式样朴实的桌子 |
| 塑料编织材料 | 很耐用，经常用于休息大厅的家俱，需注意抗紫外线的质量 |
| 塑料铸件 | 耐用，用于体现经典的现代设计。常常是单品出现，有雕塑感 |
| 不锈钢 | 以其外形和光滑表面为主导优势，虽耐用，但对多数亚式庭园均不适合，对现代设计方案是个例外 |
| 竹子 | 理想的浪漫之选，但不能一直给人以舒适感 |

庭园气氛也越发明晰，您真正的需求也很清楚了，那就按照颜色或者按照样式来选择吧！确实有这样幸运的人，拥有强势的个人观点而且能敏锐地感觉到：哪些是适合搭配在一起的。他们只需走进一家家具店或翻看广告册子，就可以目标明确地筛选出合适的产品。如果您不具备这种能力，那就需要花精力沉下心来精挑细选，最终达到令人信服、您自己也满意的结果。

## 自然的色彩效果

自然界异常丰富的色彩给您提供了选择合适颜色的便利。试想一下典型的日式庭园的色彩：依照品种和特性的不同，岩石和砾石呈现深深浅浅的灰色和棕色，间或有黄色、黑色或棕绿色，所有的颜色都是与生俱来的柔和色。如果在庭园中使用它们，比如用作铺路石，需要进行打磨，不会呈现很刺眼和闪亮的色彩效果。对家具而言，只要与背景气氛协调一致，来自自然的土地、石头的颜色都是允许使用的。漆红色和黑色自然是极富个性的颜色，可以使用在现代庭园中，家具在这里有雕塑的视觉效果——通过富有格调的设计。在经典和幻想的庭园中，天然的或显得自然的材料是受欢迎的。藤或柳条编织的、其他类似的木制的或合成材料制成的家具，色彩柔和并给人带来舒适感，也可以带着殖民时期的气息，对充满幻想的庭园设计颇为适合。

# 小的座位设计

**1** 石头地面　休息的地方用石头路面对三类庭园都非
常适合，图中地面和陶瓷桌椅的颜色搭配和谐——典
型的亚洲式创意。

**2** 吊篮　在热带私家庭园，悬挂固定在树上的吊篮常
常作为休息享用，这是个精细设计尽显幻想的创意。
当然它也可以仅仅作为一种装饰。

**3** 天赐机缘　坐在这样的凳子上，您可以仔细观赏自然，和自己的内心对话，享受这难得的冥想时光。

**4** 现代座椅　可以像一个现代雕塑，无须考虑它的实用性，却依然很吸引人。

**5** 木摇椅　图中的设计给人一个小小的放松之地，并且可以感受古树独特的韵味。

现代的平顶设计搭配在一个很大的亭子上，使得庭园充满现代感

## 茶舍的其他用途

茶舍，在中国可以作为公共场所约会的地点，而在日本是讲究修身的，它是日式庭园最著名的设计要素，通常都有合适的空间专门来举办茶道仪式，其充满宗教色彩的一系列复杂过程是欧洲人难以理解的，即便出于冲动他们亲身经历过。只有极少数的庭园主人认为真正需要日式的茶舍和想要它的装修以及功用。茶舍在欧洲人看来可以起到这样的作用：在庭园中有这样一个空间，它能遮风挡雨，避免暴晒，并因此使人多了另外一番感受，即使在恶劣天气，人们也可以有一个固定的户外场所，享受休闲时光。由于按照欧洲惯例，在庭园中建造小房屋不适合亚洲式庭园的气氛，因此茶舍或经典的亭子造型设计成为首选。

茅舍样的小屋不适合亚洲式风格的设计方案，但是如果把它涂上比较时尚的颜色比如红色间杂异域风情的金色装饰，在幻想庭园会让人产生一种奇妙的感觉。有专业的供货商可以卖给您全套建筑材料或者上门为您的庭园量身打造小屋，它们大多数没有窗户并且正面敞开。

### 园中小屋的正确选位

最初在日本茶舍和庭园并没有关联，直到17世纪人们为了更好地享受周边的美景，才开始设置茶舍。它有一个特别的优势，既有敞开的空间又有固定的顶棚，至于在园中的选位，首要的原则是依据庭园的景色，使人在任何天气状况下都

亚洲式风情的庭园设计

正面敞开的建筑，让人们在雨天也可以坐下歇息观赏，选址的视角要特别富有视觉冲击感

如果空间较小，但资金充足，可采用为此处量身定做的现代组合——座位和塔式顶

能享受园中美景。

建筑种类繁多，给了您多重的试验机会，足以满足不同风格的需要。或许大胆使用适量的亚洲标志性的亮红色，会给老的建筑赋予新的风采。

　　给茶舍或类似的带顶棚设施选定位置，要保证从里面看出去，视线不被邻近的建筑遮挡。即使在很小的庭园也要排除这种干扰，因为凝望几米之外的庭园美景就能强化人的冥想意识。

　　思考一下会发现，庭园中的建筑只有在空间足够大的前提下才有意义。如果是联排别墅的庭园，就请放弃这种设计，否则立刻就会感觉到空间狭小；宁肯充分利用露台，加上一面竹子装饰墙，让人感受到些许茶舍的气息。庭园中带顶的

**独创或者保持原生态**

　　亚洲式庭园的建筑不一定要恪守自然原形，就像各式家具，有着巨大的选择空间。给人整体和谐的印象远比保持自然原形重要得多。如果您对最终的效果不满意，或许可以通过合适的油漆或者用竹子和芦苇进行墙面装潢加以调整。

# 固定的庭园元素

**2** 茶亭  一个很小的茶亭，使您在天气恶劣时也同样享受得到异域风格的雨中即景。

**3** 亭子和园中小屋  以展现原创风格让人着迷。这样的建筑在亚洲常常用来完成宗教活动，在欧洲这样敞开的房子人们用作休息。

**1** 视线遮挡墙  例图让人想起巴洛克时代的欧洲庭园艺术，墙上仿佛嵌入了一面镜子，这样起到视觉上放大空间的作用，是一个装饰建筑墙面的好主意。

**4 桥** 即使在小庭园中也会存在。可以在一片砾石之上，桥下不一定有水，可以搭配低矮的灌木。

**5 钟** 在亚洲的庙宇中您会看到它，可以把它用到经典庭园中作为宗教色彩的装饰。

**6 月亮门** 进出月亮门会看到不同的景色，园中彼此分开的空间再划分，可以选用例图样式。

# 亚洲风情的附饰

合适的装饰相当于亚洲式庭园整幅画卷中最后的点睛之笔，精美的装饰更有着超出美学本身的价值。装饰，总会让人惊叹！

装饰其实是附加使用的一些东西，对于时尚它起到美化修饰的作用，对庭园它也起到同样的作用。装饰可以根据自己的喜好，数量多少也因人而异。它不影响庭园的基本表现，亚洲式庭园不会因为几件装饰就引人注目。如果在普通的庭园里，有龙纹饰的盆栽植物或水池里有卧佛，又或者树上挂着木鸟笼，依然离亚洲式庭园相差甚远。就像去理发，美发师给头发做了好看的波浪卷，可头发依然是它本身，不要试着以此途径来改变庭园的面目。在这个环节您要严格认真地审核，那些装饰物是否对您亚洲式庭园的设想有帮助，您对整体的气氛是否真正感兴趣。如果没有设想，您可以回过头，去看以前准备的"创意拼贴画"，思路会清晰一些，或者查看列出的愿望清单。

**装饰是次要的！**

任何一种装饰，您总可以给它找到摆放的位置，但它不是孤立存在的。源于自然界或受世界观影响形成的装饰纹样也是不断发展的，用某样装饰仅仅因为它看起来很美，是没有远见的。如果喜爱的装饰没有放在一个深思熟虑的位置，良好的整体氛围和原本成功的设计方案都会前功尽弃。

## 经典庭园中的附饰

在经典亚洲式庭园中您会觉得工作简单，因为这儿有大量的传统装饰。最重要的要数石灯笼，它是日式庭园人工设计的小建筑元素，其规整的外形与自然变换的庭园画卷形成比照，相映成趣。如今它的制造已很简单，费用也不昂贵。在日本人们把石灯笼划分为不同种类，每一种都有各自不同的含义和相符合的摆放位置。它的演变史是这样的：最早是摆放在佛教寺庙的入口处，与宗教礼仪相关，随着时间推移，它转而成为一种装饰和照明。照明只用在晚间的庭园，而且人们会注意到，它与月光丝毫不冲突，这样会产生星星点点、朦胧暗雅的效果。石灯笼也用在日本的茶舍，当然，您也可以把它摆放在靠近露台或亭子的地方。

### 不可或缺的石灯笼

最重要的是，给每个需要的地方找到合适的石灯笼。长久以来，许多不同形式的石灯笼都有了自己归属的类别，最有名也最受欢迎的是水域或井边的小灯笼，被称作"Yukimi-gata"。

它们多数高及膝盖，底座很矮，顶盖曲线柔和，呈圆形或六角形，这种设计会在冬季产生很美的雪景——日本人很欣赏的景致。

### 石质艺术品

有一种和上面的石灯笼大小相似，不过底部是一个平面的，被称作"Oki-gata"的石灯笼，它特别多地用在小庭园，您也可以用在露台边缘，放在浅而平的表面上它会显得格外漂亮。

小巧玲珑的装饰相对空间较小的庭园值得推荐，因为它一样起到装饰作用，满足您的愿望。大一些的庭园，可以选用一些直立的较大的设施，比如有一种叫作"Ikekomi-gata"的石灯笼。

上图：左右两个有底座的石灯笼，与自然风格的庭园艺术十分协调

它没有底座，代之以长的、柱状的支撑杆直接插入地面，它经常超过1.5米高，已经俨然是庭园雕塑了。

经典的石灯笼以其朴实的自然美辅以后续加工，会产生令人惊奇的效果，能很好地适用于本

平面底座的石灯笼（左边是Oki-gata，右边是Tachi-gata）与显现自然的庭园艺术和谐一致

### 好的选择

石灯笼的流行表明，合适的设计元素不仅是指价格等级，也来源于设计者充满幻想的外形设计。如果您想设计的是经典庭园，那只能模仿一些传统样式并从中选择，因为细节中往往蕴含情调，能使得庭园风格更令人信服。

书介绍的三类亚洲式庭园。但是不必因此阻碍您的大胆尝试，尤其在现代庭园中您可以在喜欢的位置摆放石灯笼。

有底座的石灯笼，被人们称作"Tachi-gata"，传统上用在大的漫步庭园中醒目的广场上，有的近三米高。您可以把它当作一个自然景色中的亮点，它的优势在于独特的造型设计和灵活的摆放地点，因而它比植物的装饰性更突出。

## 微型宝塔

石灯笼不要与石质的小型宝塔混淆在一起。小型宝塔也是装饰元素，它形似寺庙建筑，但已没有实用功能，它多数位于大庭园的水域旁边，水中塔影显得韵味十足。在日本，人们喜欢以竖直的方式设计固定的庭园设施，这样可以节省空间，在较小的庭园也可以使用。

## 尊重传统

选用石质的宝塔，要注意塔的层数是单数的。在缺少山丘的庭园，您可以用宝塔代替山丘，宝塔在古代被视为有驱邪的作用。总之宝塔在亚洲除了用于装饰还有许多其他寓意，它最初

每个庭园都可以给宝塔留一个位置。除了经典的石宝塔，还有手工绘制的、很有魅力的木质艺术品宝塔

是佛教建筑物，原为葬佛舍利之用，固有七宝装饰，故称宝塔，后为塔的美称。使用众多的亚洲元素，要注意尊重传统。知道了这一点，某些庭园主人就大可不必横加指摘陌生的传统了，也不会再把这些装饰当作平庸的艺术品了。使用佛像更要慎重考虑，佛是一个极其严肃的形象，如果认为其荒诞滑稽，那是非常不得体的。看到真佛像的人，就算理解不深，也会为它无以言状的外形所吸引。总之，相比之下宁愿选用石灯笼或宝塔，它们是庭园永久的装饰元素。

如果树木本身很健康，那么养护措施更成为一种别具匠心的装饰

一方水池表达了房子和庭园的连接，这里象征着身体和灵魂的统一

## 水，净化人的灵魂

在每个亚洲式庭园——包括现代设施，都会给水池留有位置。茶庭园的"Tsukubai"是宗教仪式的重要组成部分，围绕着茶仪式庄重地举行。每位来宾都要净身而入，这种干净不仅意味着身体上的，更指示着灵魂上的。茶艺师会先用一个装满新鲜净水的罐子让大家洗手，然后以园中蓄满水的水池象征庭园的洁净。您可以在庭园中设置一个水池，并始终保持它的洁净，避免树叶之类漂浮的杂物，这会给来访者留下清新友好的印象。

## 树的装饰性保养

在日本，人们会煞费苦心地养护植物，这方面的知识也很丰富，尤其用于大的树丛。保护树木不受风霜雨雪和自然灾害侵袭的方法，对欧洲人不仅是生疏的，而且被视为一种装饰。养护植物需要花很多时间，并且要求非常细致的工作。在欧洲也有晚霜冻问题，熟知的保护措施是把白石灰涂在树干上。日本的庭园艺术包括植物以及它们的养护，因而您不仅要会种植，还要学习养护的方法，使您的庭园显得格外令人信服。即便没有理论指导为基础，也要积极实践，树木保护作为一种装饰也能让人产生激情。

# 东西方的装饰品

**2** 石灯笼　属于日式庭园中固定装饰元素的组成部分。它的知名度越来越高，而且颇能展示亚洲式风情。

**3** 日常劳动　在最后的结果中不仅让人看到劳动的痕迹，在特殊情况下，像日式庭园中这种扇形的耙子，装饰性一定也在其中！

**1** 珍品　这块玉璧长久以来让西方人痴迷。用于装饰的玉璧是珍贵的礼物或贵族的随葬品，历史上相当长的时间里，玉器只能是皇室的御用品。

**4** 日晷　中国古代利用日影测得时间的一种计时仪器，它是西式庭园中典型的饰物，安置它也毫不费力。为什么不把它融入现代亚洲式庭园或幻想庭园中呢？东西方的装饰完全可以互相融合！

4

5

**5** 现代的灯具　以西方的模式用于亚洲庭园。中国和日本的经典庭园与这种有情调的照明方式还有距离。

**6** 简单的板凳　这个摆放在庭园角落的原木小凳并不仅仅邀您坐下，它唤醒角落的活力——看起来总像有人刚刚坐过。

6

# 现代亚洲式庭园的装饰

现代亚洲式庭园是很特殊的，它不仅体现不同文化的碰撞，还是传统和现代的交织。如您所知，现代庭园有着现代的设计和装饰，也夹杂着自然的传统观点。庭园发展史证实，形式的改变无法预见内容的变化，这是不可避免的。比如今天一些庭园和250年前的有着同样的外形，只是更奢华了一些。联排别墅庭园自然不同，它有对称编排、形状固定的树丛和花园，不过两者到最后都不过是身份的象征，要向来访者介绍，主人在哪些方面是有能力的。

阴阳太极图既有象征意义，也不失为一种装饰

"现代"二字在亚洲式庭园中，像其他许多现代设计表达的一样，是身份的象征、是坚持创造清晰的形式和功能的混合产物，基于这样的背景，装饰有了特别的意义：它不一定要讲求实用，也不能当作可以随意舍弃的一味调料。它要有合适的位置，要融入整体设施并且与之有着密不可分的联系，比如可以把现代雕塑融入园中，这对于少数情况尤其适合。

## 庭园中的艺术

有时代感的艺术反对单调的装饰效果。有别于传统的庭园元素，它有着时代特征，更贴近我们的日常生活、思想观念和时事要闻，这种贴近也要求给艺术品一个仔细考虑过的位置。我指的不是手工制造的一些小饰物，而是比如右边例图中的雕塑，两个雕塑和庭园的设计样式传达出一流的整体效果，这已经不仅仅是品位问题了，更确切地说，这里创造了令人信服的空间和装饰的有机统一，强烈的对比更给庭园增添了活力。如此看来，受传统理念影响的样式在这里一样显得很现代，怀旧的炼砖和禅庭园元素一起谱写了古老与新兴、东方和西方和谐交融的篇章。此外，这种连贯的线条设计给了庭园一个深度，这种深邃感通过树丛里叶子不同的颜色和生长个性得到了进一步加强。

右图：这是一个现代庭园，西方的建筑材料和艺术品与亚洲式的氛围相结合

不锈钢材质的花和枝叶——优雅的雕塑装饰的现代艺术

花坛的边框采用耐候钢，和古典的塑像达到和谐一致

# 对比产生魅力

毫无疑问，现代设计方案能够把新旧两种创意以与时俱进的表达方式结合起来。现代设计看重的是顺应时代潮流，所以灵活变化的空间是很有限的。它既要从传统中解放出来，以便创造出新的东西，又不能否认它的根基。人的思想是活的，可是庭园主要恪守的传统是相对稳定的。虽然传统在每代人身上都会有一些变化，但是追根溯源这个词告诉我们，过去的影响总是会显现出来，不管是否被人们意识到。以这种意识为出发点，对现代庭园在装饰方面的设计是十分重要的。如果规划这样的庭园，您可以不必像经典亚洲式庭园那样，回头去查看数不清的样式图；也不能简单地走进某家店铺，询问装饰或装潢材料。您必须大胆地自己来做搜寻工作。不要担心，您可以完全信赖自己的能力和品

位。由于是新旧结合，不要单单依赖先锋派的艺术作品。

## 现代与经典结合

古老的艺术品，如左上图中的佛坐像，也一样可以使用。如果靠近观察，会发现佛坐像没有底座，而是直接放置在砾石之上，旁边的树则是给它以支撑，二者的方向及色彩搭配都非常和

**左图：** 一组石块可以和庭园雕塑相媲美。图中直立向上的画面特性通过竖直的日本红色草得以强调

谐——不同的两种元素，雕塑和植物——如脚灯灯光下的两个演员，突显在砾石舞台上，佛像的效果因此更加强化。花坛设计得较高，花坛边框采用耐候钢材质，避免外界环境干扰植物生长。下面的例图展示了传统的石艺如何穿插到有亚洲特色的设计方案中，具有日本特色的红色草以其挺直的茎和摆放得很时尚的石块相得益彰。

用石块组合的模式。在日本石块被看作有象征意义的设计元素。摆放石块前，先摒弃个人预先固有的设想，可以把石块尝试着摆在不同的位置。自然天成就是它的模式，没有规律可循。自然的力量形成了石块，虽然要顺从物理规律，但绝不会千篇一律。小例图向您展示了西方的雕塑和东方韵味的植物互相结合，两个例子很好地证明了靠自己训练有素的双手，能把不同文化间的联系表现出来；您敏锐的鉴别力也同样得到了证实。

## 石块组合替代艺术

如果园中没有现代艺术，您可以参考下图采

# 美妙的饰物

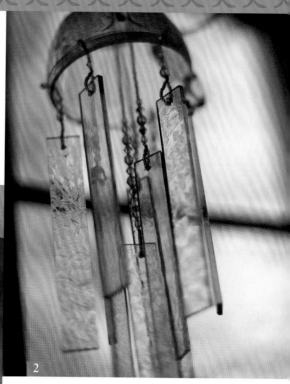

**2** 妙音器　这小小的器物，在材质和形状上变化无穷，虽不一定都是具有亚洲特色的设计，但谁说感受不到这种浪漫呢？

**1** 习俗　就像画面上的樱花树枝上固定着许愿条，是亚洲式庭园充满感性色彩的装饰。

**3** 平凡代言艺术　在幻想庭园会看到这种装饰，把亚洲商店买来的挂坠悬挂在树梢，随风摇曳的画面让人倾心。

**5** 木制工艺灯　在特定的场合会把庭园装扮得很舒适。园中举办庆祝活动时，它不仅是充满情调的装饰，还提供照明。您可以很方便地在亚洲商店买到。

**4** 风铃　画面上的小钟不是每个人都必须要的，亚洲人钟爱这种轻柔舒适的声音——在古代被视为可以驱邪，还为神明所喜爱。

**6** 玻璃屏风　使庭园迸发出活力。把它呈环形摆放，而且最好摆放在一个安静的环境，这是很明显的亚洲情调。

# 装扮幻想庭园

虽然相距遥远，但在幻想庭园您可以通过装饰营造一片异域情调的休息放松之地，任由各种创意在这里展示，各种各样的画面也交织着呈现。把多样化装饰相结合的兴趣决定着接下来的工作，对于装饰您有自由选择的空间，不仅可以选择您喜欢的，还可以选择看起来不属于同一类的东西。当您把所有的饰物和装潢互相搭配好的时候，会产生令人信服的总体印象。保持一种色调有利于创造出安静的画面。在大型的庭园展览会上，比如每年一次的英国伦敦切尔西花展（Chelsea Flower Show），人们看到某些庭园几

装饰细节——施釉的顶砖，构造出一幅整体情景画

年来保持自己的风格，有些地方确实有模仿的痕迹，不过总的说来很有独创的气息。您要对幻想庭园深思熟虑后再做决定，因为在那里您的愿望要能够转化为现实。设计图样可能会符合度假时拍的某些照片，比如您想设计绿荫之下一个小憩之地，会想到泰国的度假，想到绿意之中宽敞的

亭子，人在其中喝着新鲜的各式饮品。用心灵的眼睛您还看到小小的祭坛，后面立着佛像，这一切嵌入一片茂盛的植物之中。您的庭园仿佛从热带丛林掠夺了许多植物，急剧增长的绿意显得颇有热带风情。用木头和竹子建造亭子并不太难，亭子是一种装饰，还可以引导人们看到正确的方向。

## 幻想的世界

除了色彩华丽的面料，来自亚洲的造型和典型的装饰物比如阳伞，由油纸和竹子构成，它们绝对成为了极有表现力的信号——每个有亚洲常识的人看过之后都会不可避免地联想到庭园与亚洲的联系。有情调的装饰不一定很昂贵，物美价廉的比如伞、彩旗、具有异域风情的家具，都会有很强的装饰效果，使您更愿意待在庭园中享受。有些装饰选择的范围很窄，亚洲商店里供应的只有一部分是让人惊奇的材料，不过在跳蚤市场上也许会找到所需要的东西。这种寻找是快乐的，这也正是幻想庭园吸引人的所在：道路就是目标！

右图：采用彩色的面料、异域风情的装饰器具，您能迅速创造出一个颇具美妙气氛的餐桌

# 风格混搭——请大胆些

设计亚洲式庭园就像烧菜没有菜谱,您必须自己搭配出调料,才能产生一流的庭园品位。我用这幅画向您展示,我们不是研究关于追求某一单独元素的完美。打个比方,胡椒是很棒的调味品,但是单独享用它,人们却不会喜欢。对于装饰也是如此,在组合搭配时要大胆些,幻想庭园允许您这样做!明白了这一点,找到合适的装饰会变得简单一些,在家里营造出度假的气氛,想着远方的那些国家,寄托向往之情。或许您注意到"茂盛""色彩丰富"还有"外国式"这些概念,不管是什么,都一定要有让人痴迷的魅力。把工作定位在赋予不同的装饰一定的意义,包括欧洲人还不理解的装饰。这个概念的确空洞,那就让生活帮您完善对它的理解吧!

## 亚洲的多彩生活

每个到亚洲旅游的人在寺庙或供奉神明的地方都会观察到古老传统与现代文明的相互融合:在具有几百年历史的佛像前,人们供奉花和其他一些物品。这是由于传统在亚洲人生活中有着重要的角色,不过也不是任何人都可以负担起这种供奉的宗教礼仪,宗教是大多数亚洲人生活的一部分。

露台上的异域场景：红绿两色强烈的对比让人过目不忘

请看左上方的画面，它向我们展示了营造好的气氛是如此简单——用那些在每家亚洲商店或家居店里都可以买到的东西。红色作为主打色给人强烈的色彩印象，红色仿佛一个括号，把一切景色包罗其中，这种装饰不属于柔和温婉之类，喜欢它的人一定是性格外向、开朗乐观的，这样的色彩会让他们感觉露台周围的环境很舒服。不过在观赏性和思想性上，幻想庭园是低于经典庭园和现代庭园的。

## 作为装饰材料的竹子

竹子是典型的亚洲元素，看到它人们会情不自禁地想到亚洲。当今在欧洲庭园中使用竹子已经司空见惯。竹子可以用于视线遮挡，也可以从专业店里买来作为建筑材料使用，还可以像第126页下面的例图一样，作为敞开式亭子的支架。竹竿用在庭园很稳固并且能抵御恶劣天气。竹竿在今天的亚洲的某些地方依然作为加固高楼工程的支架。尽管竹子用途广泛，但在欧洲的冬季遇到湿冷天气会发霉而不能使用，尽管这并不影响它的坚固性。天长日久竹子颜色会变深，而我认为这种深绿色恰恰美化了竹子这一天然材料。

左图：此处用竹子搭起的亭子还可以作为通道，就像玫瑰拱门。色彩华丽的面料极具童话色彩

# 美妙的造型设计

**2** 雕塑  放置在小的、私密一些的空间。有些时候可以用花来装饰一下，一个小小的细节，立刻使画面生动起来。

**1** 龙  在中国是智慧、力量和好运的象征，在不同的历史朝代有众多不同的设计样式，坐龙是一种尊贵的龙形象。小的造型要摆放在路旁或有座位的地方，便于人们更好地欣赏。

**3** 亚洲的神明世界  在欧洲很流行线条简单的造型，而在亚洲大多数神明造像都极具设计水准，充满艺术性，这尊来自印度的佛像就是一个范例。

**4 人像** 这个雕塑在日式庭园里显得很自然，成为庭园不可分割的一部分。人像身上的苔藓类的斑点不一定要清除！

**5 色彩游戏** 在幻想庭园会找到它的位置，尤其在泰国和巴厘岛会以这样的色彩刻画神话动物。

**6 壁龛** 提供一个小的空间供奉佛造像和饰品，或许在院墙上可以给它找到合适的位置。

129

# 微缩的自然——盆景

亚洲庭园最有名的造型艺术之一是传统方式，即把盆栽的树按自然的样式培育。这样比自然原形小得多的景致看起来有雕塑的效果——历经百年自然雕琢而成，其实是按照严格的生长规律才有这样的视觉效果。盆景比庭园艺术含义更广，它是诸多象征意义的连接体。在盆中平放的石头代表自然，树木直立其中且具有活力。盆景的原形源于自然，有寒风中傲立岩石上的、有像竹筏那样的成排的，还有老式的长得

不同种类的树丛都可以做盆景，甚至血红色的小檗属灌木

弯弯曲曲的样式。有些具有观赏价值的盆景有一米来高。亚洲多数盆景都是耐寒的，根据种类不同，要达到最后完美的效果，前后总共需要数年或数十年的栽培。有了盆景这种装饰元素，亚洲庭园开启了人和树互相联系的新纪元。盆景需要专业和持续地养护，否则会很快显得黯然失色。专业的盆景园艺师会给您很好的建议。单个的盆景可以放在较高的位置，看起来有雕塑效果；多个盆景的集体形象适合摆放在内院或露台上，或摆在离座位近的地方，便于人们观赏。此外，夏季盆内容易干燥，经常浇水是很重要的。

## 桶栽的大盆景

大的盆景和微缩的小盆景一样受人喜爱。大盆景可以成为现代庭园或小型经典亚洲式庭园的主导装饰，尤其是当由于设计风格上或空间上的原因造成园中花坛缺少时，它更有用武之地，给人的印象也更加强烈。但是，自然是盆景的原形！那些规则对称的样式显得造作，把一段原本浪漫无羁的自然肆意取来束缚在园中一角，是非常不明智的。

右图：这种堪称盆景集锦的画面一定要有对应的陈列位置，它们能使内院或楼顶花园充满活力

## 亚洲植物的栽种容器

栽种植物的各式容器是亚洲式庭园不可或缺的装饰元素。由于容器无论种类还是材质都很多，所以找到合适的并非易事。下面一些建议针对三种设计风格帮您选择合适的盆或桶。

✳ **经典庭园** 最简单的要数经典庭园。这里有一些样式是在中国和日本用到的。选择容器口沿施过釉的，器身可以带图案也可以是单色，棕色或绿色更接近自然。在中国和日本，人们认为施釉的容器就像精工细做的景泰蓝容器。根据用途不同，也可以使用大的花瓶或浅口的碗。

✳ **现代庭园** 对于现代庭园，您可以采用传统的陶制容器，和简约的设计形成对比；或者采用现代简约的容器，每种现代的容器都可以使用，但要注意应该搭配个性突出、很显眼的植物，比如竹子，或者搭配杜鹃。至于材质，塑料和不锈钢都很好；暴晒会使塑料材质老化，可以采用含UV抵御因子的材料。现代庭园的植物容器要保持大小一致，严格成排摆放。摆放稀疏、容器大小不一，会破坏整体印象。

✳ **幻想庭园** 在幻想庭园中可以使用经典的容器，或者有西方设计风格、颜色合适的容器。这一切取决于个性化的庭园风格。

这些容器对三类庭园植物都有很强的实用性，它们不种植物也是可以的；如果种的话，一定要选择适合容器款式和材质的植物。所幸许多产自亚洲的庭园植物都适宜盆栽。

## 正确的栽种

日本扇形枫树、竹子、菊花、小的观赏樱桃等很适宜大桶栽培，长势很好，就像一些灌木一样。盆栽灌木中最受宠的是玉簪。在日本还在盆或碗中栽种细辛属植物。购买容器时要询问清楚，它们是否适合露天的环境。如果容器是烧制的陶土，一定要选择硬质陶土，它的缝隙比软质陶土的小，有利于尽可能多地保持水分。

如果是栽种灌木和小树丛，要重视土质的渗水性。如果是颗粒粗的土质，各部分间总会有足够的空隙，水分可以畅通地流动。土里储藏了许多水分，霜冻的时候水分流动开，有利于植物越冬。

现代的或施釉的植物容器，各自适合不同的庭园创意

### 耐寒的陶制容器

在购买的时候，可以做个测试，以确定该容器是否适合用于户外种植。用一点儿唾液或水蘸湿容器外表面的某处，观察水分吸收的快慢，可以帮助您确定霜冻期植物是否能正常生长。

**左图:** 中国的陶器有极强的装饰性，如图中那样，搭配合适的植物——袖珍的矮松树

这个休息的地方，通过打到植物和塑像上的暗雅光线营造舒适的气氛

# 合适的庭园照明

在黑暗中享受庭园的愿望是完全可以理解的。毕竟很多庭园主人是要外出工作的，除了周末和休假，一般晚上才有闲暇在庭园享受轻松时光。

按照我的观点，庭园的照明应该强调庭园的美。您可以此作为一个独立的方面来考虑，有些东西白天是感受不到的。有了照明，庭园仿佛有了第二张脸孔，给人的总体印象也会改变。

## 发现崭新的庭园画卷

好的庭园照明可以积极地改变观赏者的心情。亚洲式庭园可以在夜晚显得更加迷人和独具风情。尽情享受这让人沉醉的瞬间，但请不要把光线设计得像房间里的一样把庭园照得明亮。从一个房间到另外一个，都可以单独打开电源，使这个房间有足够的光线。在庭园中不需要像房间那样明亮的照明，因为晚上您不需要在园中完成像白天那样精细的事情，比如浇花或剪枝叶。请不要破坏您的心情也请尽可能节省能源。下面是亚洲式庭园照明的建议：

✳ 园中的小路指示方向，可以在路边设计实用的点状光源，这样既保证安全又比较节能。

✳ 关于石灯笼，您已经知道，不必让它与月亮争辉。人的眼睛已经适应了这一自然光源，其他的光源都只作为补充和加强。

**右图**：在树丛下面打光，给树冠醒目的立体效果

✳ 庭园照明，最好选用暖色灯。

✳ 许多灯看起来很明亮，不如一处有情调的灯效果好。特别是射灯，会让人感觉非常不舒服。

✳ 如果光线特意照到某一物体上，那它周围也要有一些光亮，否则灯光显得很不自然。

## 充满情调的照明

    我认为亚洲式庭园的本质属于神秘的、不那么张扬的，即便现代亚洲式庭园也有这种特质。虽然允许灯光像盆景那样有规律地编排摆放，但是光线应该分散和柔美。庭园中采用颗粒状材质

的区域，在暗雅的光线中比在耀眼的太阳光下显得更有风格，因为没有了反射。

✳ 总的来说，大的物体比小的物体需要光线。

✳ 注意物体的表面，越光滑均匀，反射光越浅。

✳ 墙面或视线遮挡元素上，永远不要直接用光。可以像第134页上那样，代之把光线打在前面的灌木或竹子上面。

    光线对于空间结构也是很重要的：用合适的光线让庭园的边界消失。这种效果会给您带来惊喜。

# 亚洲式庭园的创意用光

**1** 光和影　可以用在现代庭园，通过透明的玻璃板产生例图中美轮美奂的效果。

**2** 清新的照明方案　此方案在设计庭园时就要考虑进去。成排的地灯散布在墙和竹子之间的通道上，这样的好创意适合用在小一些的设施上，比如别墅或房前花园的小路上。

**3** 灯光用来观赏　看过去既不炫目也能看到周围的景物，注意有情调的灯光效果。

**4** 光圈　可以划分空间，但是看起来不自然。在这个例图中很合适，改善了庭园的效果。

**5** 有情调的完善　可以选择这样的灯作为装饰，它的周围在暗雅的灯光下更吸引人了。

# 亚洲庭园的水

水是有活力的，在亚洲式庭园中它有重要的象征意义：它是生命之源，生生不息，涌向自然的怀抱。

中国人以各种形式表达对水的偏爱：池塘、湖泊、瀑布和溪流，百年来对日本庭园影响至深。在日本，人们视流动的水为力量的源泉，欧洲人也对水的强大威力感到震撼。庭园中小小的水元素却代表着自然最原始的内在力量。日本庭园中有特别多的元素直接与水联系在一起，种种迹象给人留下深刻的印象。首先是水中的岩石和鹅卵石，流水的常年冲刷似在把它们精磨，最后造就形状丰富的奇石养人眼目。不仅如此，诸多地形地貌也反映出水元素的影响，河岸线在奔流的河水冲击中形成一道亮丽的风景。

## 水，适得其所

浩瀚深邃的大江大海是自然形成的，水流聚集地面以下形成海岸。亚洲式庭园的水塘或多或少有陡峭的岸。我们的庭园通常不可能做到，因为附加的建筑耗费巨大，而且保养起来远比水岸难度大。从水平面到地平面常常有一个小小的坡度就足够了。空间小的话，可以用岩石来代替水岸。对许多庭园爱好者来说，水是设计的本质组成部分，醒目地写在愿望清单的最上方。

荷花是东方水波仙子的化身

## 水，总扮演主要角色

无论从哪方面看，水都是庭园的主导元素，从不会居于次要位置，这有赖于它强大的情感效用。人们喜欢与水邂逅，长时间驻足沉思。看到平静的水面，我们的思想不再千头万绪，自然地回到怡情养性的状态。溪流浪花、水中嬉戏的画面给人带来巨大的活力。水唤醒人生命的灵感，使人神清气爽。您明白了：水，绝不能藏在庭园的某个角落，应该被安置在它喜欢待的地方，从这种意义上说，水和露台以及其他您坐下休息的地方一样重要。考虑到这些，您一定能很快在园中为水元素找到一块您最喜欢的地方。

## 水元素用于设计

水是很让人着迷的设计元素，因为它是灵动的。人可以把它限定在一定的范围内，但无力限制它固有的动能。如此说来，水是庭园中除植物之外唯一有生命力的元素——事实上人们可以说，水是活着的！水和植物使得庭园颇具情绪化色彩。虽然人们可以按自己的意愿对水进行引导，但是它们自身的能量和可变性依然存在。运用水元素如同运用植物，是讲究艺术性的，所以自然需要桥和脚踏石。桥在水庭园中很重要，它不仅很有梦幻色彩，而且再没有比它更安全的方法让人通过水路。

### 观赏和享受

举个例子，如果您想在桥上观赏一处水塘，那么水域一侧最好设计一条路或者利用现有的路，并延续到另外一侧，这样就能让数平方米的水塘处于庭园的核心设计上，有理想的观赏视角。如果您不想把水塘定位在中心位置，那一定要在水边设计一处小的座位，园中的水塘可以恰如其分地观赏，最终水总是处在核心点上。

天生地，天地生水，天地水生万物。考虑周全的设计者会把水用在气氛合适的庭园，不允许

## 流动还是静止

把水当作一味时尚调料，做快餐的时候信手拈来。有经济实力的庭园主轻易地设计一眼井或嬉水之处来显示他的财富，是不可取的。有人说，水主财，这里不仅是指物质上的财富，也指来自内心的财富，往往能真正达到目标。如果设计用到水元素，要以人对水的感性的经验使庭园变得丰富。不是靠理论支持，而是良好的感觉带给人满足感。自然存在就是最好的风景，所以您的创意要时时对照自然模板，要与庭园的"风景画"协调。下面的例子可以阐述得很清楚：如果您的庭园地势高低不平，可以整成斜坡状地势，进而建造溪流或者还是瀑布。

水流可以绕开岩石之类的障碍物，以它固有的形式继续向前奔涌。这与楼梯相似，它以悬空的方式使您从一处到达另外一处，水流以它独特的结构移动，而且让人听得到、看得到。水在很浅的地段时，小溪的水流打着漩儿流淌，显得非常不自然，因为自然形成的浅表的平面不适宜水在其中流动；更好的做法是选择静止的水平面，这样既适合地形又透出安静的气息，与周围环境会比较协调，不会有突兀的感觉。

**左图：** 这片水域给画面注入宁静，邀您轻松地观赏，桥在水中的倒影犹如仙境，引人遐思

鱼儿在这个经典的日式池塘嬉戏，大块的岩石和植物带给庭园贴近自然的亲切感

## 经典的水庭园创意

水元素在经典庭园中是不可缺少的，而且提前就有计划好的位置，按照您个人的想法来设计，给水一个合适的空间。要设置以下的问题问自己：是想要水庭园吗？水是庭园的主宰元素或者对此持否定态度，只是希望加入水元素使庭园变得更加有吸引力和丰富多彩。两种选择都不依赖于庭园的规模。有些喜欢亚洲风情的人，他们在很小的庭园设计大面积水域把庭园变得颇有灵动的风情。最受喜爱的是亚洲观赏鲤鱼，人们常常把鲤鱼作为接触日本庭园文化的切入点，很快会产生愿望，把这些华美的鱼儿放在一个合适的环境展示，这是一个对于水庭园来说至关重要的决定，因为要花费很大的建造费用。

### 重视自然样式

不管是否有观赏鲤鱼：如果您想在经典亚洲式庭园建造一个水塘，要注意保持自然的样式，水塘可以设计得像天然湖。在规划时要注意：水塘的边线要像海岸线一样自然，不是规则笔直的线条。您可以仔细观察空中拍摄的湖的照片，在网上很容易对它们进行研究，然后模仿着画下来，会找到外形设计的感觉。

※ 水域基本形状要适合庭园——至少适合庭园的一部分。水塘边摆放一些小的自然景色比如石块，这样观赏起来不会觉得孤立！

流动的水使高低不同的植物活力倍增，特别是水岸边变换丰富的设施，还有岩石，在这里它们成了过路人的脚踏石或桥

庭园中平坦的地方很适合建造小溪流

✳ 要考虑主要是从哪个方向观赏水塘，视线要适合庭园空间。如果看不到完整的水岸线，视觉效果会很好。岩石或者修剪成形的树丛会增添观赏者的兴致。

✳ 如果水塘的位置和大小都已经确定，接下来考虑怎样完成水岸线的设计。水中可以摆放岩石，岸边可以种植树丛，随着时间的推移，树枝长得高过水面，这样把水和岸很自然地连接为一体。

✳ 在很小的庭园可以设计几何图形的水塘，尽管在大庭园中会觉得不自然。在经典亚洲式庭园中，流动的水也是重要的角色，设计时可以借鉴河流和溪流，尤其是山间的小溪。静静的、狭长的水流经过庭园，象征着宽广的水域缓缓流经此处。先决条件是至少有明显的高度落差，以提高水流的速度。还有专业的溪流泵，可以控制很急的水流，购买它很有必要，可以让流水的效果如同山间小溪。小溪的流向是没有规律的，它总是绕过岩石或斜坡这样的障碍在庭园流过。

# 井、水槽和小池塘

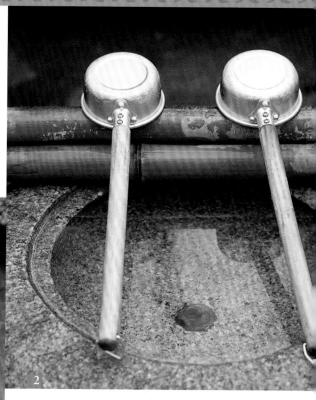

**2** 洁净之水　在茶庭园中，提供给每位客人在开始冥想仪式之前用来净手，即便不用在茶庭园，也能给庭园增添细节魅力。

**3** 小桥　人在这里放慢脚步，好好品评眼前的情景，内心也休息片刻。

**1** 石质水槽　例图中这种形式最适合贴近自然的经典庭园。

**4** 井 庭园中十分令人喜爱的细节。水池置入地下，周围填满砾石，水从竹管循环流入花岗岩水池。

**5** 微型水塘 把它安置好很快，不过要仔细查看摆放的位置。不要直接摆在庭园之中，给它一处有庇护的、安静的角落，饰以岩石或常绿灌木。

**6** 暂时的解决办法 这只装满水的锌桶，没有丝毫的繁复却带来让人惊奇的装饰效果，它可以放在庭园入口处。

# 现代的水庭园

有时代感的庭园设计，追求新的样式和表现手法，同时功能和美学标准对设计也起着决定作用。自然而又自由的水元素和严格的美学外形要求，由于现代庭园的自身风格所限，使二者在设计方案中的关系显得颇为紧张。

如果您喜爱现代庭园的创意，那么设计的核心理念是：集中和简约地表现本质和外形，如果想把水元素用于庭园，也是一样。尽管外形千差万别，经典的和现代的创意依然有着共同

既是水槽又是可以落座的地方，就像一件艺术品

点：水元素在有些时候是直接的、充满情感的和清新的。现代的水创意外形呈几何图形，如规整的长方形、正方形、圆形或弯曲的平面。相信并在心中接受它们，让它们以现代的形式展现迷人风采。

✳ 水是清澈透明的，所以边框也不能设计得沉闷。要用清爽质朴的材料，比如天然的石头或者木头和不锈钢。

✳ 水是瞬间即逝的，这使得它更加迷人，因为它永远都是灵动的。用不锈钢水池可以突出这个特点，水就像在画框里向您倾诉。

✳ 不要混用太多种材料，这样会使人情绪烦躁。

## 水是自然界的艺术

水和自然是真正的理想搭档，雕塑在水边形成的景致犹如在舞台上。在现代范畴，水本身就是艺术，在一定样式的画框里展现它的风采。在现代庭园中，规整的水池或由水泥和不锈钢制成的容器中晃动流出的水，决定着庭园空间的气氛。如果设计时做减法，那么每个单独的方面都会显得意义重大。水的外形创意可以和成形的树丛结合，会让人产生激情，还可以与从自然形状或修剪成形的树木、灌木搭配。弯弯曲曲的松树盆景可以倒映在水中，这些印象是现代亚洲式庭园的观赏亮点。

**右图**：向上直立的竹竿和动感设计的踏板小路，兼具现代和亚洲式风格

# 水嬉戏

**2 水柱** 是早为人知的泉石的现代变身，水从不锈钢柱流入地下。

**1 泡泡泉** 可以给每种风格的亚洲庭园增色，传统的泉石可以通过钻孔的石砖代替。您不觉得吗？这是安静的水游戏。

**4** 晃动的流水　图中的装置由不锈钢制成，是现代水庭园的重要组成部分，水在狭小的空间展示给您意想不到的效果。

4

3

**3** 水游戏　不仅各种形式流动的水赋予庭园活力，水流声也一样可以。

**5** 泉石　不仅亚洲人喜欢，我们也很喜爱它。图中的岩石形状搭配明亮的红色草茎显得非常和谐。

5

## 幻想庭园中的水

水有多种形式，在幻想庭园您可以通过各种形式设计和表现水，这没什么惊奇的。所不同的是，它既不适合像经典庭园那样模仿自然的模式，也不能在外形上像现代庭园那样。您可以自由想象，但是就像庭园家具和装饰一样，水要和庭园的整体氛围相协调。幻想庭园是实现个人愿望的王国，如果您想在一处小水塘边休憩，忘记日常的一些烦扰，泛着水花的溪流或仅仅是一口井，都会成为您放松冥想的一个角落。

如果情况允许，请把不同形式和材质结合起来。您也许会发问：这样做是否正宗？没问题，抛开条条框框才是真正正确的，让心情在此刻释然，最好在水边设计一处坐的地方，氛围和享受是幻想庭园不可分割的要旨，所有的规划都要围绕您的个人需求来考虑。

下面的建议会帮助您比较轻松地做出决定：

✳ 您属于安静型的人，不喜欢被打搅而独自享受吗？那就要选择池塘或水槽，因为流动的水声对您似乎显得嘈杂，如果即便这样您也还是不想放弃水嬉戏的设计，可以有一种简单的途径，那就是用遥控器来控制它们的开合，满足您随时的需求。

*鱼塘边舒适的座位引导您放松心情*

※ 您没有很多时间待在庭园，您需要放松的帮助吗？选择流水比如溪流，能让您归于安静。注意流水的声音不宜过大，如同诗中形容的"喃喃溪水"就是一种精确的描述，它能传达出凉爽清新的讯息。

※ 水在您的庭园首要的功能是用来装饰吗？如果是，那就以水为核心开辟一个小专区。可以考虑树丛掩映的一口井或一个小水塘，旁边摆放一条长凳，您可以轻松落座，观赏美景。

**左图：** 能从水庭园的座位上欣赏风景，而且这个位置一目了然，源于庭园的精心规划

## 庭园中的岛国

想象力丰富的庭园主人有一种可能性，那就是在一个大面积水庭园中创建一片岛国乐土。要达到这个目标，您可以把座位前的水域放大，这样从座位上看庭园更舒服，您会产生仿佛在另外一个世界的感觉，这种感觉只有当水面比座位面积大很多时才会产生。想到美丽的庭园幕布，要注意到把一些建筑通过视线遮挡或合适的树丛隐藏起来。在幻想庭园，水是要"能通过的"，脚踏石和木板小桥是必不可少的，它提供了人与水亲密接触的可能性。

# 花坛和植物的组合

让本质丰满，向本质集中——世界仿佛就在这两个概念之间。通过美妙的植物创意可以轻松地让庭园变得充沛丰满。

我们向往亚洲庭园，不仅是因为异域风情让我们好奇，而且众多的亚洲植物也让我们心动，像杜鹃、芍药、绣球、樱花，还有许多针叶灌木。有些植物在19世纪引入欧洲，成为耀眼的庭园明星。满目的繁花、炫目的色彩、渐变的绿色，从春到秋无不标榜着亚洲式庭园的魅力。我想亚洲庭园艺术对于西方人并没有那么陌生，因为东西方有相似的自然景观和设计方案。想想18、19世纪时期大型的景观庭园，设计灵感来自让人叹为观止的皇家园林。尤其是现代亚洲庭园，把西方和东方的庭园艺术结合在一起，通过合适的植物达到和谐统一。建议您：面临众多的植物要挖掘个人潜力，转化为自己的创意，这样才能确定接下来的工作目标，种植亚洲有名的盆景或成形的灌木丛，还会发现把花坛和植物结合起来有很多的可能性。

**具有象征特性的植物**

如果开始考虑庭园植物，那您肯定对它们的风格已有了决定，也初步知道了它们的类别。如果庭园表达的是现代主题，那么植物的种类数量要少，这不像经典庭园，它要表达出形状和色彩的丰沛。与大多数庭园规划不同的是，植物在本书所介绍的三类庭园设计风格体现方面，都扮演着重要的角色。许多人不认为植物是空间构成元素，而仅仅当作装饰。在亚洲式庭园这是行不通的，因为植物的象征意义必须融入庭园设计，这方面多花一些时间去考虑是有价值的。

各式樱花在日本是很受宠爱的庭园植物

# 典型的亚洲植物

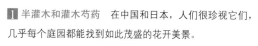

**2** 日本枫树　有几百种供您选择。由于所有的叶子形状都很精细，常常形成一派壮观的秋天色彩。

**3** 玉兰　属于开花灌木，占地不大。丰盈的花瓣装扮着年初的亚洲庭园。

**1** 半灌木和灌木芍药　在中国和日本，人们很珍视它们，几乎每个庭园都能找到如此茂盛的花开美景。

**4** 风铃树　体形小，可是叶子硕大，给人非常特别的感觉。这种产自亚洲的植物生长很快，在年初盛开蓝色的风铃花点缀庭园。

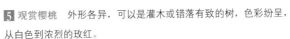

**5** 观赏樱桃　外形各异，可以是灌木或错落有致的树，色彩纷呈，从白色到浓烈的玫红。

**6** 杜鹃　在亚洲有很多品种。在欧洲重视种植花形大的植物，在日本却很盛行种植长得紧实而花形又小、常绿、耐修剪的杜鹃。

## 自然的或者概念化的种植

您是否仔细想过，花坛究竟是什么？随着时间流逝，庭园史对这个概念有过无数种描述，不过本质是保持不变的：在一个地方按照不同的庭园风格集中了很多植物，通常都符合空间位置的关系。如您所知，自然这一模板在亚洲庭园饰演着核心角色。如果再现自然风光是您的目标，那情况就简单些，您站在庭园里，眼前就是美丽的景致。举个例子：您想把树林风景加入到经典的庭园设计方案中，在别墅花园某个很小的空间也可以模仿自然完成设计。您无须了解中国的或日本的树林，全世界到处都一样，连树都知道，树林是树木聚在一起。最高处的树叶紧密连接在一起，仿佛给树木撑起一个顶，下面分作两层，半高的是大型灌木和矮一些的树，它们向着阳光，此时高高低低的树枝间已形成了树荫，再往下生长着矮种的灌木，它们通常整年常绿，和半灌木一起构成地面植被。这种楼梯式结构在实施设计时是很重要的，如果是一棵孤立的小树，再向上蹿也绝不会给人"树林"的感觉。采取自然松散的种植方式，让高矮不同的树木和灌木错落有致，给半灌木也留出生长的空隙。在挑选植物的时候要有敏锐的鉴别力，自然的模板当然也会给您帮助。要避免一整年都有强烈的色彩对比。树林只有季节性的开花高峰期，大多数在年初开花。以上这些要点也适用于经典庭园。

植物可以表达自然地形也可以表达另外的寓意，在园中代表水中的岛屿

如果您把植物作为一种象征，短时间的一些标志比如植物的籽，也有一定的意义

## 象征手法表现自然

如果决定象征性地表现自然，那就是另外一种情况了，您要把自由生长的植物和人工塑形的植物结合起来。按照这种抽象的方案，修剪成形的杜鹃和黄杨也可以形成一幅图画。此类设计不仅要考虑植物的形状，还要考虑编排它们的位置，表现得自然——这一点不同于欧洲的庭园。在日本，人们把修剪成形的植物自由组合而且从不会把摆放形式设计成死板的几何图形。欧洲人可能要付出代价来超越原来的观点，接受以另外一种利用植物的做法，然后去模仿。我们习惯刻意制造某种形式然后严格地按规定执行：路的左右两侧是修剪成圆形的黄杨并且保持一致的间距；死板的矮树丛大多数笔直，还有道路树，它们分两侧在另一边大路两边。试着把植物摆放得像自然元素一样，试想一下石头躺在河岸上的情形，把植物自然地组合在一起，您会做得更好。

如果您能摆脱欧洲庭园规则的束缚，思路变得开阔，会有很多以前从未想到过的利用植物的可能性。您将会看到：不管自然的还是象征性的表达，按照自然方式去做，都是一种快乐。

左图：在庭园的某个亚洲式区域可以设计得更自然一些，和谐松散的植物外形颇为重要

157

松树、中国芦苇和矮竹适宜
装扮现代花坛

## 为每种设计风格找到植物

适合所处的地点

给您的庭园选择合适的植物，事实上很少有固定的模式适合这种或那种风格的庭园，所幸有许多植物在不同方面适用于亚洲式庭园，至少小叶常绿的那些种类——让它们自由生长或培育成有形状的灌木。有些不适宜修剪成形的植物，比如日本枫树，可以在不同的设计方案中加以选用。植物要摆放在合适的位置才能发挥更好的作用。枫树的叶子呈现特别的红色，可以让它独树一帜，像雕塑一样尽显风采。同样的植物在花坛之中可以自然地显现树林般的景色。

在新的时代，三种风格的亚洲式庭园在利用植物方面有着很有趣的流行方式：按照地点来完成组合。这给了成长中的亚洲式庭园主人们设计上的帮助和灵感的源泉。单个的植物要适合土壤及光线情况，如果是黏土，在湿冷的冬季像杜鹃这样有着纤维状根系的植物是不适宜在这里生长的，而装饰灌木、竹子和亚灌木却长势良好；湿润松散的沙质土壤特别适合针叶灌木和松树。如果您想减低工作成本，首先要研究土壤情况，然后选择合适的植物。

这个幻想庭园充满变化多样的植物组合，它们的形式和种类之多，有时在亚洲庭园也不为人知

在日本，杜鹃和枫树是远东经典庭园艺术的化身，它们在欧洲也颇受欢迎

也有这样的可能，改良土壤以适合植物的生长——种植您喜爱的植物。花费无疑是巨大的，可如果您向往杜鹃花开的繁华景象，必须拥有肥沃的土壤，那么改良土壤就不可避免。您可以适时耕作，增施有机肥，改良贫瘠土壤；用煤灰和其他有机材料实施堆肥来改善土质。如果想长期保持对花坛的兴趣，恐怕这些基本措施都是重要的。彻底排除对所谓风格的依赖，是一种极其重要的预见，可是许多做规划的人常常忽略这一点，这是无法原谅的。毋庸置疑，您可以做得更好！决定是否进行土壤改良之后，您可以开始选择植物。为了方便选择，我们在此总结了每种风格的重要特质：

✳ 对于经典亚洲式庭园，植物要显得自然，叶子也不需要显眼的颜色，这样做使得植物易于与其他元素搭配。多色彩的叶子适于幻想庭园。

### 植物带来情调

在您的庭园要有一些不依赖于设计风格的亚洲植物，像竹子、枫树、杜鹃都能给庭园一个良好的基调。很多庭园主认为依据所选择的植物来设计庭园比较容易，因为他们不大通晓如何规划。这样以植物为切入点不失为一个好开端，使花坛设计变得容易。

亚洲庭园的设计与布置

杜鹃表达经典的庭园主题，
而现代的外形设计带来一些
新鲜感

可以用少量的红色叶子作为点缀与绿色搭配，但太多红色会显得不自然。

✳ 对于现代庭园，植物要有不同凡响的形象。比如雕塑似的设计，各式不同的松树都是完全可能的，叶子的颜色没有形象设计那么重要，因为只有较少种类的植物互相搭配在一起。从建筑学角度看，现代庭园恰恰是以这种低调的绿色设计树立起独树一帜的形象。

✳ 幻想庭园应该呈现一片茂密葱郁和多姿多彩的形象。不是每种植物都必须符合所有前提条件的，这有别于前两类庭园——植物必须互相搭配和彼此协调一致（生长方式、颜色和叶子的

外形），植物在这里可以突出自己的特性：可以有硕大漂亮、色彩纷呈的叶子以及五彩缤纷的花开盛景吸引人的眼球。

如您所知，植物的外形是很重要的。这可以通过把它摆放在合适的位置、搭配合适的伙伴以及建筑方面的固定庭园元素来加以影响。

### 和谐的搭配

利用植物的基本原则是搭配和谐，因此要把

右图：金莲和黄边玉簪在半阴的位置带来闪亮的律动

植物调整得统一协调，不要单单只凭一时一地的想法，生长的方式和种植面积还涉及视觉效果。颜色搭配得当，可以体现和谐，同时适度的对比也有异曲同工的效果。越是类似的植物互相搭配，越容易让人产生视觉疲劳，对花坛的深刻印象也随之下滑，因此在考虑植物形状和大小不同之外还要调换一些品种，这些原则对三类庭园都适合：搭配植物就像原本丰富的自然界，大的和小的共存，避免单一外形产生的单一色调。

## 景致不要重复

欧洲在植物利用上与亚洲的差别还表现在缺乏韵律感。我们是按照固有的模式重复使用植物，而中国和日本的经典表现方式是仿佛出自偶然。因此您要试着创造出这样的情形，即第一眼看到植物时，感觉它不受任何约定俗成的影响地生长。对此我并不认为可以放纵植物任其野生野长；同时我也请您仔细观察自然，从自然原形悟出些什么。如果您很久以来已经拥有自己的庭园，对它小心养护，并希望向亚洲庭园转变，在植物搭配方面肯定已经有经验了，要考虑的是如何把植物"有节奏"地组合在一起。除此之外，有许多植物是不适于亚洲式庭园的，比如所有美国产的草原亚灌木，大多数福禄考属植物和向日葵，还有玫瑰尤其是现代英式的，它的西式风格也不适合亚洲式庭园。野生玫瑰是个例外，它多层次的外形可以和亚洲灌木、亚灌木搭配运用，显得错落有致。

# 植物和材料

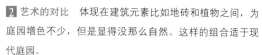

**2** 艺术的对比　体现在建筑元素比如地砖和植物之间，为庭园增色不少，但是显得没那么自然。这样的组合适于现代庭园。

**3** 装饰元素　在经典或幻想庭园的画面中合理地嵌入这样的装饰吧！

**1** 视线遮挡和植物　可以大胆地将二者结合在一起，在现代庭园通过植物可以提升色彩感。

**4** 抓住形状　调整植物和材料时不要仅仅注意色彩，还要考虑外形，如例图中不规则的脚踏石和草地。

**5** 现代的外形　例图中的植物箱适合楼顶花园，可以很现代地种植，形成非常美的对比，植物也颇显自然。

**6** 平面　这幅阴阳图通过植物点缀让人眼前一亮，红黄交织的色彩拓展了画面主题，给人不同于平常的活泼气息。

# 设计经典的亚洲花坛

如果您想首先在庭园的某个局部区域实施植物创意，是很合适和明智的。简单但极富表现力的植物可以作为经典亚洲式庭园的模板。植物组合中可以有一个主要角色在庭园"幕布"前尽展风姿，这就是日本枫树，它作为大型灌木，以松散的生长形式主宰着花坛中心，稍远些看过去，叶子浓密的黄绿色闪烁着光芒，非常怡人。当您从家中或露台上看过去，它们有很好的远观效果，所以这类植物是种植的首选。

我所说的"幕布"在大多数庭园都是存在的：或许是在庭园最外围直立的树木甚至深色的松树，虽然有效地起到视线遮挡作用，不过显得很抑郁。您可以在它前面用色彩丰富的花坛使之明朗起来！花坛外形采取不规则设计，砾石区域就在旁边，像是从禅庭园汲取了灵感。通向花坛的过道设计精巧，以一些似乎不经意摆放的河滩碎石和较大的石块作为开始，这样花坛就拥有了一定的高度，因此产生了一个微缩的自然景观，浅色的石头和清新的黄绿色调之间产生了柔美平和的对比。花坛使幕布变得明朗一些，作为演员的植物和树木与这张"幕布"之间还会互相影响：它们使整个色彩更自然、更和谐。

## 单个植物的表现力

看看这个例子，在设计花坛的时候，为了达到和谐，把周边环境一同考虑进来是很重要的。成功的搭配是：通过成片的红花矾根，暗雅的紫红色主宰前面；而在树丛的后面，这一色彩再次呈现。色彩是完全可以多次重复使用的，金黄色的枫树在与蕨类植物的绿色交融中出现，并直到最后悄然消失。这种敞开的结构辅以向外发散的叶子，使得植物显得非常自然，和谐的气息弥散到周围。画面中的中型玉簪的白色叶子边缘吸引人的注意，掩映在枫树之下，有光线反射的时候魅力倍增。

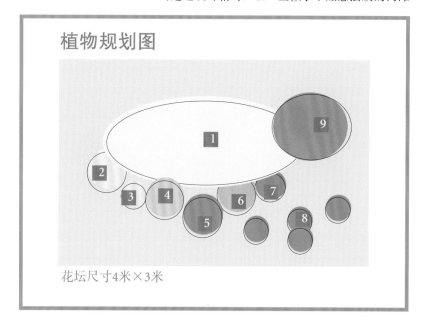

## 植物规划图

花坛尺寸4米×3米

## 植物名单

1 金枫

2 红花矾根

3 无瓣蔷薇

4 白边玉簪

5 锦熟黄杨 "Herrenhausen"

6 掌叶铁线蕨

7 多育耳蕨

8 锦熟黄杨 "Blauer Heinz"

9 黄边玉簪

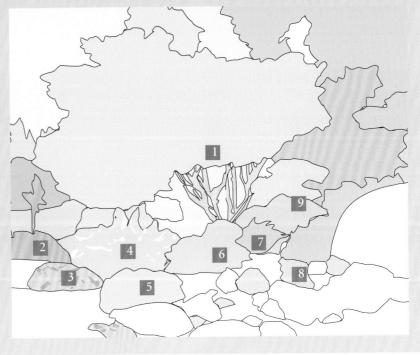

## 自然主题的变化

亚洲式庭园擅长将不同一般的或复杂的地形运用到庭园中。人们常常认为斜坡上的地块太过特殊，一眼看过去很难想象能有什么种植规划。在中国和日本恰恰以这种地形为出发点做设计，种植合适的植物。因为顺势而长的植物以及自然主宰的和谐能带给人积极的能量。这或许是选择植物时考虑的关键点，人在其中学到的不仅是经典亚洲式庭园的设计。

### 因地种植

现代亚洲式庭园和幻想庭园能很好地实现因地种植的计划。表达植物的简约之美以及它们的象征寓意是现代庭园的前提，而幻想庭园提供了不拘于形式和编排顺序的种植基础。斜坡庭园的例子告诉我们，对植物生长起决定作用的不仅是地形特点，还有所在的具体位置。在背光的坡面，喜阴的树木和植物会长得郁郁葱葱，玉簪和蕨类植物在松树的掩映下形状各异，尽情生长；在阳光充足的坡面则是另外一番景象。在岩石构成的斜坡上，只有那些能适应这种没有遮蔽、条

自然清新，光华耀眼，这般花开胜景，如同森林画面

件艰苦的植物才能生长，如果您的庭园不是位于高山上，上面所讲的至少可以参考借鉴，您不能种植雪绒花和龙胆草——尽管是典型的亚洲植物——不过，您可以选择那些看起来好像被自然风吹过而塑形的植物，比如某些黄杨和众多的矮种针叶灌木、矮种的亚灌木。如您所知，修剪艺术是庭园文化的固定组成部分，您还可以从中得到帮助，把合适的植物比如针叶灌木或杜鹃修剪得盎然成趣，植物可以顺势呈球形或依偎紧贴底层土而生，这样因地种植，困难迎刃而解，自然主题的变换也在其中。

## 植物的自然外形

当您拿起园艺剪刀，请观察自然模板。在经典亚洲式庭园要尽可能把植物修剪成自然存在的样式。平整的石块、突兀的岩石抑或是其他地形，要和单一或多种的植物组合搭配在一起来表现。这种方式和修剪艺术还有一个辅助的作用：强化了您的观赏天赋而且使您省去手忙脚乱之苦，小小的不规则不会干扰整幅画面的效果。

**左图：**图中的自然地貌给人印象深刻，注意设计植物的时候要突出这一主题

# 利用亚洲亚灌木

一个亚洲式庭园不仅仅是由木本植物主宰的。诚然，富有个性的树木、灌木是在总体效果上起到了很重要的作用，而亚灌木对此起到了有力的支持，其中之一就是给花坛增色。每种植物都有它的开花期，而时尚的设计总会让花坛一年到头光彩夺目，这是大多数亚灌木庭园的明确目标。亚洲庭园突出的典型问题就是植物开花会受到时令的限制，从历史上来看也没有终年花开的庭园。每种植物都在花开的短暂时节装扮庭园，因此人们很珍视它们。就像在自然界中一样，每种植物同样以花开的动人和华美吸引着人们的关注，想一下春季开花的观赏樱桃和初夏盛开的杜鹃，它们或在庭园、或在花坛给人留下深刻的印象。选择亚灌木植物时要局限在少数几种，以保持庭园安静和谐的整体印象。右面图中选了两种很有表现力的植物互相搭配：蓝叶的玉簪搭配日本的报春花，两种植物生长习性相同，都喜欢很肥沃但不干燥的土质，适合群体种植。

日本报春花的色彩很丰富，从带黄色幼芽的纯白色到粉红色、再到朱红色混合在一起，您可以按照个人喜好从中选择。白色的报春花搭配玉簪显得很清爽，粉红色和朱红色给这清爽的画面增添了一抹对比的写意。报春花的开花期根据天气情况一般从5月开始持续数周。您还可以种植鸢尾代替报春花，它和玉簪圆形的叶子还有着对比的美感。这个例子阐述了"少即是多"的原则，在庭园设计中，这一原则对于植物栽种特别是亚灌木栽种有着重要的意义。下边的表格中列出了一些重要的亚灌木，或许在规划庭园植物时对您会有所帮助，按照您的个人愿望来决定选用，但基本原则是：使用得越少，庭园的画面越显得平和宁静。

## 亚洲庭园的观叶和开花亚灌木

| 植物学名称 | 名称 | 应用 | 生长高度 |
| --- | --- | --- | --- |
| Anemone japonica | 日本银莲花 | 开花亚灌木 | 60-120厘米 |
| Dryopteris erythrosora | 玻里鳞毛蕨 | 观叶亚灌木 | 50厘米 |
| Heuchera in Sorten | 红花矾根 | 观叶亚灌木 | 30厘米 |
| Hosta 'Krossa Regal' | 玉簪 | 观叶亚灌木 | 70厘米 |
| Iris ensata in Sorten | 日本鸢尾 | 开花亚灌木 | 60-80厘米 |
| Paeonia lactiflora in Sorten | 芍药 | 开花亚灌木 | 50-90厘米 |
| Primula japonica | 日本报春 | 开花亚灌木 | 40厘米 |
| Thalictrum delavayi | 草地芸香 | 开花亚灌木 | 可达2米 |

左图：少数几种植物搭配，养护起来比较省力，但较之种类繁多的花坛，则给人印象平平

## 经典的亚灌木和对比

不为我们熟知的是，亚灌木在亚洲庭园历来扮演重要的角色。特别是在风景庭园，众多的诸如鸢尾和其他的亚灌木为庭园画卷增色很多，给人美的享受。在我们欧洲的亚洲式庭园也可以受益于种类繁多的亚灌木，有乌头属、银莲花、玉簪、鸢尾属和许多蕨类植物，它们源自亚洲又可以在欧洲种植，所以适合用于经典庭园设计方案。

东西方在利用植物的实践中，一个本质的区别在于对于植物多样性的理解和运用。我们习惯于富有变换地设计植物的搭配组合，以便保证不同种类的植物连续开花。对比的手法在其中起到重要作用，比如把互补的黄色和蓝色搭配在一起提高亮度。我们创立明暗对比或冷暖色对比，并且努力使不同的生长方式或不同叶子形状的植物进行搭配，以强调对比效果。德国亚灌木之父卡尔·福斯特创立的被称作"竖琴和定音鼓"的经典组合，把交织的草或蕨类植物和亚灌木组合在一起的植物设计，直到今天还用于庭园，尽管亚洲人还不了解这种人工手段的对比。

### 有效的对比

了解单个植物的天性始终处于核心地位，继而珍惜它的价值。欧洲人衡量植物的价值是看它在庭园中的重要地位如何，即种植得越多、开花期越长或者越强壮就越发珍贵。我们在亚洲庭园这方领地求得放松或冥想，而大量强烈的对比反而阻碍了自然的天性，所以请在搭配植物时慎用色彩对比，不被烦乱的色彩干扰，转而欣赏视觉清新而又不失个性化的花坛。

在右页的例图中，植物虽色彩丰富但不凌乱，它们彼此十分和谐。冷峻不张扬的叶子的颜色冲淡了明暗对比，通过这样的方式，植物组合尽显趣味而丝毫不做作，有谁不为此番视觉享受而欢欣呢？

## 植物规划图

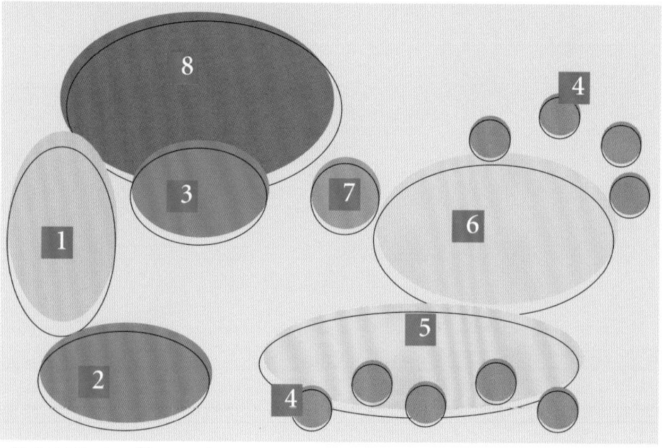

花坛尺寸3米×4米

## 植物名单

1. 芒"晨光"
2. 翠鸟玉簪
3. 圆叶玉簪
4. 紫花鸢尾
5. 金薹
6. 金叶玉簪
7. 观赏大黄

## 有时代感地利用植物

设计庭园时在利用植物方面也要有时代感。当今设计风格可谓百花齐放，互相依存。当然也允许您按照个人的喜好确定某个创意方向，这也是您为什么读这本书的原因：您希望找寻灵感并得到设计上的帮助。亚洲式庭园像地中海或乡村庭园一样，没有规定设计区域，而正统的日式庭园则在外形设计表达上有严格的、必须遵循的规定。

本书把亚洲庭园的概念进行了拓展，您个人的愿望和想法也被包括进来。欧洲的庭园传统与中国和日本有着足够的相似之处，所以我们不必自我否定。如果您想在利用植物的时候突出时代特征，那就要顺应历史潮流。一个极好的例子是成形的树丛，尤其是其中的大型盆景，整整20年来它们赢得越来越多的追捧。

### 使成形的植物生动有活力

大型盆景通常和砾石搭配，表达对禅庭园模糊的记忆，虔诚的庭园艺术爱好者们对此持拒绝态度。不过我认为，如果许多人都认可，那么这种时尚是有权利存在的，不必为证明其真实性付出代价，您可以把盆景用到经典的庭园设计方案中，如此可以产生一幅盆景和灌木丛以及其他成形树丛错落有致的原生庭园画卷，就像下图中证实的一样。

常绿灌木薹类和杏叶大戟
属植物即使在寒冷的季节
也能带给花坛以色彩

有时代感地利用植物还意味着选择植物的范围可以有所拓宽，但是我并不认为是要把很多种不同的植物搭配在一起，而是要找出真正适合您的亚洲庭园的那些植物——或许第一眼看过去并不适合。由日本薹属植物做背景，亮眼的红花矾根和像草一样的菖蒲在画面前面，上方还夹杂着深色叶子的大戟属植物。这是一个很好的例子：一组植物的颜色和结构搭配都很协调，保持常绿，成为值得信赖的庭园伙伴。它们可以种植在经典庭园的石堆旁边，从而吸引人们的注意。

## 仔细审查您的选择

树丛和灌木种类繁多，值得让您借助专业书籍和手册仔细研究一番，多参观一些灌木园，仔细观察眼前展现的众多植物，从中选择适合自己的。不要只听信别人的推荐，用属于自己的颜色描画您的花坛！

左图：大的盆景和须松萝不是正宗的亚洲式植物组合，不过欧洲的鸢尾属植物在整幅画面上色彩非常协调

173

# 中国和日本的花开样式

**1** 芍药　不仅亚洲人，欧洲人也很喜爱，初夏开花。在中国，人们自古以来喜欢花苞紧密、花瓣重叠的重瓣花。

**2** 重瓣山茶　同样是典型的中国开花植物，花开的样子充满艺术效果。

**3** 单瓣山茶　拥有无法诉诸笔端的雅致和柔美，是典型的日本植物。

**4** 樱花　在日本有极高的地位和价值，观赏樱花在那里是最常种植的树。单层花瓣显得很完美，对亚洲式庭园是个很好的选择。

**5** 菊花　在中国古代的皇宫里备受宠爱。少数花形饱满的类型也是很好的庭园灌木，由于花期在秋季更显价值。

**6** 灌木芍药　是非常健壮结实的灌木，尽管花开时显得妩媚富贵。日本的一些品种，通过黄色花蕊和丝般柔亮的花叶之间闪亮的对比，格外耀眼。

# 现代植物的色彩交融

一方小小的花坛,尽显具有时代感的植物。典型的亚洲植物像杜鹃、竹子和灌木芍药在花坛中枝繁叶茂而又搭配现代。以白色为主色调,显得冷峻和中性,给人以质朴无华的印象;而清新的绿色给画面平添一抹温软精美的气息。挺拔的竹子尽情地舒展着,营造出十足的森林景观,仿佛一幅色彩交融的画。

竹子的特性非常适合在地块边界处的花坛用作视线遮挡,像竹子这样很高的植物在种植几年后根须都会蔓延,这会影响花坛里的植物,所以要请专业店来做根系限制,从位于中心位置的竹子开始,周边要预留三平方米的独立空间。如果要成排的竹子达到垂帘一样的效果,根系限制要做得细长。

竹子直立挺拔的特殊结构几乎没有其他植物可以替代,搭配使用的灌木和半灌木只需有竹子的一半或更低的高度就可以产生盎然成趣的画面。右页图中的落叶杜鹃"碧浪"(Persil),黄色的花蕊点缀着一片白色;还有小型的日本杜鹃,以自己纯净的白色独树一帜;两种灌木在竹叶的掩映下显得悠然自得;及膝高的灌木芍药展现似锦繁花。灌木芍药生长在阳光充足或半阴的地方,按照种类不同可以长到一米半到两米高,多数花形很大,但是它们不需要支架。

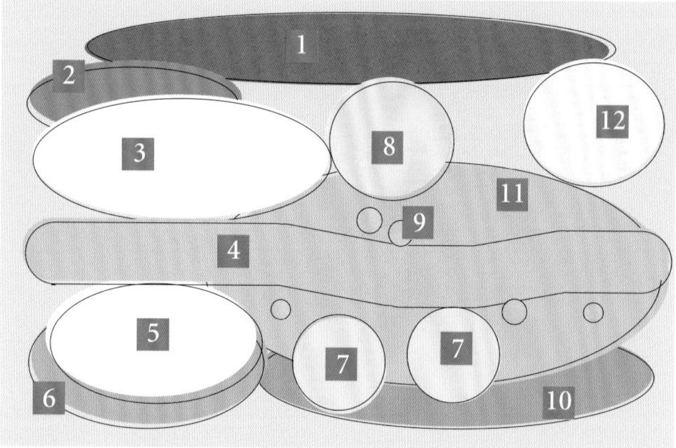

## 献给竹子的花坪

右图中竹子前面也搭配了在欧洲本土培育的亚灌木,西伯利亚鸢尾在其中有两种:一种白色(建议选用'Fourfold White'),还有深紫色带有浅色嫩芽的,建议选用'雪莉'(Shirley Pope)。它们直立的结构和有着箭形叶子的茂盛树丛与耐阴的白花毛地黄搭配在一起,还有深色叶子的峨参(品种"Ravenswing"),峨参在半阴的位置生长良好,带有虽然很少但很浓烈的黑红色叶子,花开纯白色,在深色茎的衬托下显得如同奶白色。

## 植物规划图

花坛尺寸 4米×2.5米

## 植物名单

1 竹

2 白花絮毛地黄

3 峨参"亮翼"

4 西伯利亚鸢尾

5 钻石杜鹃"白"

6 泡沫花

7 扁柏

8 灌木芍药

9 西伯利亚鸢尾"雪莉"

10 白花血红老鹳草

11 杜鹃"碧浪"

## 暗雅的色调营造宁静

您选定了亚洲式庭园，也是因为它的整体画面散播着安静平和的气息。即便是浓烈的色彩，有时甚至是红色、紫色或粉红色，通过外形设计和植物群体的色彩搭配，一样可以产生安静的画面。或许您的庭园由于空间关系所限不能大面积种植杜鹃，这并不意味着您必须放弃浓烈的色彩，只是需要慎用。如果为一组植物选择种类和颜色，那么要限定在两到三种近似色中挑选。以杜鹃为例，可以选择浅粉色带深紫色，继续搭配少量粉红色或者白色，这样的色彩在较小的空间，即使您仔细观看，眼睛也不易疲劳。

特别容易的是不同颜色的叶子进行搭配，叶子的颜色没有花的颜色那么丰富，而且通常是没有亮光的，这样可以更好地互相协调。只有绿色从浅到深颜色丰富且色差细微，浅黄绿的几种日本枫树和玉簪，还有深绿、蓝绿的草和蕨类植物。

### 季节的变化

"绿色庭园"是最明显的自然范本，大自然还会在一定时间内集中展现完全不同的色彩，比如在秋季，绿色转换成黄色、橙色或者红色。近年

细辛属植物晶莹的绿叶和灌木芍药给外形很有设计感的水槽增添了安静的气息

来流行将这些表现力强的色彩用在其他季节装扮花坛。事实上亚洲植物的丰富色彩首先让您惊奇，它在较小的空间也能够产生变换的搭配，一样散播安静的气息，满足我们的需求。

一个很美的例子在左页呈现给我们，这是一个半阴的种植条件。您看到示范性的颜色和样式的搭配及对比，画面显得很均衡。装饰性很强、有着金黄色柔软叶子的日本发草闪着亮光，还间杂绿色的条纹，这与叶子大而微微卷曲的紫叶红花矾根（品种"Plum Pudding"）很协调。风铃

左图：闪亮的日本发草、红花矾根和风铃草给花坛带来宁静又生趣盎然的和谐

草（品种"Blauranke"）开着浅紫色小花儿，给发草的黄绿和矾根的紫色以补充的对比。此外，这种搭配在几乎整个夏季都很有魅力，因为风铃草花期很长，花开之后通过短截还可以把繁茂期延长到秋季。

## 平静的庭园画面

在现有的庭园空间种植新的植物可以带来平和宁静的感觉。要避免色彩强烈的植物组合，代之以柔和色的植物。最好先确定一个主要的基础色调，就像画家进入主题前先准备好画布，把有色彩效果的植物运用到其中。

# 竹子和它的伙伴

**1** 高矮相间的草　错落有致的布局使花坛显得清透和富有装饰性，营造出有透明感的庭园画卷并且提供了很有效的视线遮挡。

**2** 装饰　可以在专业店买到很粗的竹竿，和鲜活的竹子排列在一起，整个植物组合透出一种沧桑感。

**3** 一个很好的基础　高高的竹子像树一样，配以精
心挑选的蕨类植物，非常适合在干燥和较阴的地方生
长。轻盈摇曳的单株植物和版画般厚重的竹子形成写
意的画面。

**4** 明暗　可以互相形成对比。许多不同种类的竹子有黄、绿或发红的竿，竹
龄越老，颜色越深。

**5** 疏剪　排列紧密的竹林是很有必要的，这样画面更
疏朗有致。

# 背光处的光线效果

由于大树或建筑物的遮挡，不是每个庭园都光照充足。您可以在这些地方设计很有表现力的亚洲式花坛，展现贴近自然的风景。在阳光不强的地方，水和植物的组合会更显清新娟秀，让人想起小溪在初春时节流过叶子还不繁茂的森林，光线效果通过不同的绿色尽显迷人风采，所有的植物即便在位置受限的空间也显得那么适得其所。

艳丽的黄色是太阳的颜色，向日葵和菊科植物惬意地生长在光线充足的地方，让我们不自觉地把阳光和暖意联系起来。夏季亚灌木植物营造出的金闪闪的庭园色彩并不是亚洲庭园所预想的，这里是色调暗雅的黄与绿主宰的世界。一个来自亚洲庭园植物世界最美的例子，请看右页例图中的日本金枫（Acer shirasawanum 'Aureum'），

它们在半阴位置，闪亮的黄色似在奔涌，仿佛自远方飘然而至的神秘烟火。它们生长缓慢，又不易被炽烈的阳光灼伤叶面，因而这种色彩在夏季能得以较长时间保持。还有扁柏（Chamecyparis pisifera 'Filifera Aurea Nana'），它们披着黄绿色纤细的裙衫，只有在多阴或如同晨曦般温和的光线条件下才能如此清新。矮针叶树、有"蓝色之星"美名的欧洲刺柏（Juni-perus squamata "Blue Star"）又将这画面色彩加以完善，如此密实的生长结构简直可与岩石媲美，它极其适合植物中的水元素主题，即便没了这一汪水，它仍然可以给这一片清新的绿色一个温柔的对比。

## 草的自然效果

修剪过的植物如球状黄杨或者是草，它们从中绿到深绿的颜色过渡显得尤其自然。各种各样的草，比如像耐阴的发草可以种在庭园的角落、植物群的边缘或者在整个地块的边界处，草的不规则形状逐渐减少直至消失，可以很自然地解除现存的视线遮挡。草的不规则外形使得画面灵动，无论在哪种情形的庭园中，它都是出色的天才画匠。在多阴的地方更有表现力，光线过强反而有可能产生不自然的气氛，这样的例子有很多。您能够想出光线明亮时庭园植物的魅力，但也要仔细想想大自然"闪亮"范本的寓意，把颜色搭配得更好一些，使之趋于和谐自然，不要在光线暗淡的庭园角落采用不自然的对比色。

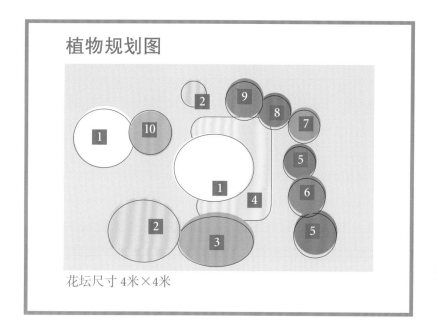

**植物规划图**

花坛尺寸 4米×4米

## 植物名单

1 金枫
2 金薹
3 蓝羊茅
4 紫叶珊瑚钟
5 扁柏
6 锦熟黄杨 "优雅"
7 锦熟黄杨
8 发草

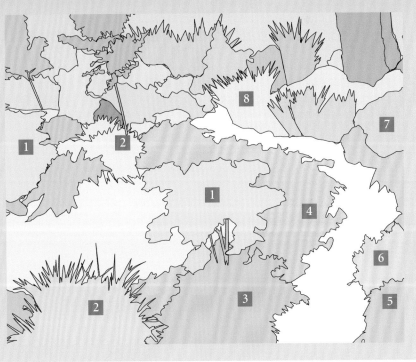

## 自然、植物和建筑

尽管现代的亚洲庭园用花坛象征性地表达自然，它也不失为庭园艺术品。它不仅把自然的模板纳入园中，还体现了现代建筑学的需求。如果您选定现代亚洲庭园，对您来说住宅和庭园共同的完美演绎如同充满美感和格调的花坛一样重要。植物在庭园中可以和别墅及固定元素和谐一致，也可以显出与之对比的风格。一个功能性很强的别墅设计不必同样拥有结构明晰的庭园，庭园可以是充满感性的，在小小的花坛范围之内，让植物的结构显得自然。一眼看去，

在花坛和建造方式、在自然和建筑风格之间的对比将会产生一种和谐。在此首要的也是重要的原则是遵循空间划分的基本规则，这不仅适用于住宅内部，也适用于外面的庭园。

花坛植物的种植方式是完全自然还是有严格的样式，归根到底要看您个人的喜好。或许您喜欢有流畅线条和柔软外形的种植形式，很紧凑地组合在一起，就像下面的例图一样：让人联想到亚洲的主导植物玉簪和异域风情的百合、深色叶子的景天属植物搭配成一幅图画。采用修剪成形的树丛可以使这些集中表达的色彩趋于和谐。

严谨的建筑结构和松散的植物结构互相映衬，达到引人入胜的效果

大的盆景也可以种植在合适的桶或盆中，移动的容器使得画面可以变化

如果您脑海中有了色彩表格，在喜阳的半灌木植物集中运用色彩，要另选其他的而非亚洲的灌木。

如果您坚持现代庭园的简约表达之风，那么在花坛中设计明显的单个植物不失为一个麻烦但经典的解决方案。大型的盆景在这种情况下尤为适合，您也可以考虑那些修剪松散、生长自然的大树丛，重要的是它们要有清晰的外形。树冠要进行疏剪，要去掉树顶部的树枝，使人们能够看到树冠的里面，达到清秀有型的视觉效果。

> **建议**
>
> 将修剪成形的植物和松散生长的植物进行组合。大的盆景和竹子的搭配是妙趣横生的重奏，能产生引人注目的对比效果，用在较小的空间比如别墅入口或内院可以产生亚洲式情调。

左图：叶片较大的玉簪给这个现代灌木组合加以亚洲风情的注脚

# 植物营造宁静

**1** 同色系形状的对比　十分有趣，但从不过分殷勤。平和地使用深浅绿色的对比，当然也带着它们的结构纹理特征。细辛属叶子表面闪亮的绿色明显提升了画面的清新感。

**2** 形状相同，颜色各异　同样可以产生宁静的画面。选用同一种植物的二到三种颜色，产生厚重织物的感官效果。

**3** 模拟的形状　以自然为模型。例图中的日本苔藓（Grimmia pulvinata）适合这样的底土，您也可以用类似形状的植物模拟石头结构，比如用矮针叶树或软垫结构的亚灌木。

**4** 花和叶子的颜色　应该总是保持和谐的，如果您想让花坛散播出宁静气息。例图中粉红的花和紫红的叶子给人宁静之美。

**5** 大的叶子　总是给花坛带来宁静之美。您可以利用玉簪或观叶给花坛打上强烈的标记或只用大叶植物。大的叶子没有抢眼的色彩，却能给人以热带茂密葱茏的气息。

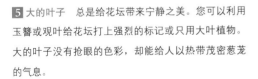

## 色彩丰富，情调浓郁

幻想庭园是三种风格亚洲式庭园中最具多元化个性，也是最简单的，因为考虑的出发点是您的个人幻想。您不必遵循所谓某种风格样式的模板，对某次旅途的回忆和其他的创意都可以体现在一方花坛之中。右面的例图一派茂盛尽显异域风情，让人想起泰国或巴厘岛，典型的东亚植物日本枫树成为画面的中心。还有一处小小的座椅，周围半高和较高的植物散播着宁静舒适的气息。这里让人觉得很包容且不被打搅，可以零距离亲近和享受这迷人的美景。

画面的前边由耐寒的树丛组成，浅种的日本枫树以其红绿两色的叶子给人深刻的印象，还有那交织状的结构，都明显地和后面异域风情的高大灌木形成对比。台湾芭蕉、桐树和热带的蕨类植物更诉说着热带情愫。

### 异国植物在有遮蔽的位置

来自异国的植物可以种植在有遮蔽的内院，冬季即便霜冻，它们也可以顺利越冬。您把它们种植在大桶里会更好一些，可以采取灵活的办法，把桶埋入花坛内，这样显得更自然。棕榈和芭蕉可以采用合适的措施比如保护膜、黄麻等加以保护，这样它们在正常的冬季可以很好地在户外生长。如果土壤肥沃，对待芭蕉完全可以像灌木那样，把对霜冻敏感的根部加以保护。如果树干在冬季枯死，到夏季在数周内还会长出新芽。棕榈树中也有一些种类很坚实耐寒的，比如产自日本的塔基棕榈和瓦氏棕榈，它们都有紧实的深绿的扇形叶。

还有一些植物比如大丽花和百合，在亚洲很受人们喜爱，在开花季节可以选择它们增加更丰富的色彩。大丽花不耐寒，百合则可以顺利地种植于庭园。有些杂交的亚洲百合香气浓郁，坐在近旁，沁人心脾。

## 植物规划图

花坛尺寸 5米×4米

## 植物名单

1 日本芭蕉

2 亚洲百合

3 红千鸟（枫）

4 大丽花

5 羽毛枫

6 东方百合

7 鸡爪槭（石榴红）

8 桫椤

9 山棕榈

# 搭配，而不是研究

不同于前面一页，右边的例图少有热带风情而是充满幻想的花坛设计，全部选用耐寒的灌木和树丛，中间留出一条小路，引向一座非常小的桥，又恰好还可以嵌入一把座椅。茂密的植物让人感觉仿佛在热带丛林穿行。日本鸡爪槭和金枫种植在这里，高一些斜生的枫树看上去很美，它仿佛透明般的生长方式不仅使空间得到了充分利用，还有放大的视觉效果。由于枫树在这里深种，给人的感觉更适宜观赏，而不是想穿行其中。在修剪植物的时候要借鉴名言"大胆地留出空隙"，这样可以给花坛的个性特征带来

鹃，画面左前方的山茶，还有常绿的、叶子色彩丰富的金心大叶黄杨和洒金青木，即便不开花，它们也给花坛增色很多。在需要之时要对它们进行修剪，一方面更好地适应有限的空间，另一方面植物不再凌乱，画面更安静。

## 知名的亚洲亚灌木

花坛里的亚灌木有些来自亚洲，像叶子修长雅致的萱草和有羽状结构的落新妇属，在夏季可以尽显单株植物花开的魅力。面对这样的植物，您会有兴致将单株植物搭配而不愿意单调重复地种植同样的植物。打造一个好的支架结构的树丛生长范围，亚灌木会有更大的设计自由度，这样的花坛对于集中展示植物很有优势。

这是一个充满幻想的变换手法，运用在气候条件好的内院，植物需要好的越冬保护

某些积极的改变。与之相对应的红色和绿色的叶子可以给小的庭园区域立体的空间深度。不同种类的日本枫树生长速度差别很大，在采购时要咨询清楚。当这些枫树在秋季叶子转变成红色或橙色，会给花坛带来二次的美景。有特色的还有单株的开花灌木，有常绿和落叶的、色彩各异的杜

右图：种类繁多的亚洲灌木和树丛带给人美丽的田园风光，这片场地理想而又充分地得到了利用

## 小空间，大表现

亚洲式幻想庭园的设计是色彩交融的，但它不必总是像前面的两个例子一样，植物种类繁多、过于密集，仿佛热带丛林的感觉。如果您观察右页的花坛例图，令你几乎无法相信的是，设计师不是单单追求巨大的场面，而是更在意设计的创意，使得在中等规模的庭园都可以实施。如果看到自家庭园的绿色幕布能像森林般密实，那自然是很美妙的事情。通过颜色更深一些的常春藤或编织的篱笆构成自然色调的视线遮挡是有情调的选择。右图中核心角色是一个岩石结构，通过后面修剪成形的常绿树丛把它引向深处，岩石的间隙可种植蕨类植物与地面融为一体，这样的细节之处可以使景色更显自然。岩石边是一个小水塘，种植了三种个性化的植物：半球状的常绿矮杜鹃、深绿茎的灯芯草和足有一米高的中国大黄，它比产自智利著名的根乃拉草小一些。大黄几百年来在中国是一种重要的草药，

当然它也是很美很耐寒的庭园植物。

### 有意义地替代苔藓植物

菊科山芫荽属植物Cotula（品种名：Squalida）像天然的草坪，踩踏舒适，而且没有修剪的烦扰。它不能承受某些持续的负担，比如用作孩子们的足球场或者举办聚会，但普通的用途都可以满足，每个亚灌木种植园都有它的身影。在开始时要很密集地种植，不给杂草留下生存的空隙，否则日后拔除杂草会影响它的生长。每平方米可以种植40种植物，一年之内可以达到茂密生长的画面。它较亚洲庭园常用的、需要潮湿环境的苔藓类植物易于种植。图中的画面给人安静之感，高高挺立的竹子不仅传达了这种气息，还强调了亚洲式情调和轻松的感觉。

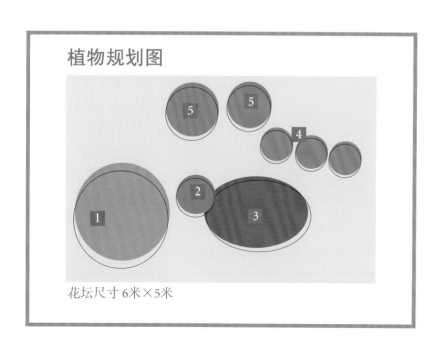

**植物规划图**

花坛尺寸 6米×5米

## 植物名单

1 中国大黄

2 灯芯草

3 矮杜鹃

4 竹子

5 大型盆景

异域的植物通过亚洲式的
固定庭园元素比如木桥，
可以完全改变原有风格

## 独树一帜的植物创意

幻想不受任何思维羁绊和规则的约束——
至少在庭园设计方面是这样，在植物的选
择组合上也要打破常规，体现个人品位和需要。
书中本页和右页向您展示了植物和其他庭园固定
元素之间妙趣横生的转换关系，您看到本页上
面的例图中的灌木植物群，画面中的木桥带有明
显的亚洲情调，它是突出画面主题的一个标志，
植物就无须再担当这个任务，它们可以由一系列
色彩丰富的灌木群和用于视线遮挡的树丛组成。
如果想在庭园运用表现力极强的桥、亭子或雕
像，可以在更广泛的范围内选择植物—— 选择
那些映入眼帘即有亚洲特色的类型和品种，这里
仍然是忠于您个人的设计草案，而不是与原版
一致。

### 简约但富有情调

在右页左上方的例图中您看到一个很美的例
子，和本页的画面主题大相径庭，它展示了亚洲
风情的植物如何产生神秘的庭园气氛。小小的水
景观精简搭配珍贵的绿绒蒿和闪亮的金枫，仿佛
是截取了一段自然胶片让人神情愉悦，玉簪和蕨
类植物在这里可以突出静谧的特点。

图中植物冷暖色的搭配产生一种引人入胜的气氛

个性鲜明的树丛比如交织的枫树，也可以和时令植物搭配在一起，使得色彩更丰富

## 季节性变化

上面的两种画面是两种不同的设计思路，一个繁复华丽，一个简而不陋，您可以自由选择。幻想风格还能实现有个性的植物比如日本扇形枫树和色彩丰富的应季植物的完美组合，这个创意会很有吸引力，如果您想让庭园一年四季都有季节特征的色彩。这里不是说春、夏、秋三季都要以亚洲植物为原形，而是说按亚洲式的设计思想的要求统一起来。这是幻想庭园的优势所在：您可以充分试验和变换——而且您自己来裁定这件作品是否成功。

### 显示亚洲情调的特色植物

| 植物学名称 | 名称 | 长势特点 | 生长高度 |
| --- | --- | --- | --- |
| Acer palmatum in Sorten | 鸡爪槭 | 松散，多根 | 1-5米 |
| Camellia japonica | 山茶 | 密实，灌木丛 | 可达2.5米 |
| Hakonechloa macra | 日本发草 | 密实，亚灌木 | 30-50厘米 |
| Hydrangea macrophylla | 大叶绣球 | 密实，健壮 | 可达1.5米 |
| Hydrangea sargentiana | 高山藤绣球 | 松散，大型灌木 | 可达3米 |
| Hosta in Sorten | 玉簪 | 密实，亚灌木 | 10厘米-1米 |
| Paeonia suffruticosa | 灌木芍药 | 松散，树丛 | 可达1.8米 |
| Prunus in Sorten | 观赏樱花 | 长势如树 | 1-6米 |

亚洲之梦

# 揭开亚洲植物美丽的面纱

点燃对亚洲植物宝库的激情并不难，它们中不乏让人为之倾倒的，已经成为欧洲庭园的植物明星。

玉兰、杜鹃和日本扇形枫很早就出现在我们的庭园，它们以色彩丰富的花朵、柔美多姿的叶子和个性突出的生长方式，种植于园中自然生长或种植在很现代的花坛。其中的每一种植物，不仅仅是整体方案中的一分子，更要在本质上体现亚洲风情。试想一下，植物的个性一方面通过诸如叶子和花开的颜色、生长形式、叶子或者树皮的纹理结构体现，另一方面也受到环境的强烈影响。因而著名的扇形枫树在幻想庭园茂盛得如同在热带雨林，在现代庭园却可以表现得如同一件艺术品。花坛或整个庭园中选用的植物越少，每个品种的植物就有越强的表现力。亚洲庭园生命力的表现形式之一就是整体画面很和谐的植物，要避免强烈的对比。在本书接下来的部分您将看到，如果选用的植物在某些方面互相一致，那么它们很快可以在颜色或外形上形成和谐。一个极好的例子是色彩丰富的杜鹃，它们首先以浓烈的色彩彼此互相搭配。在日本人们还把宝石红色、朱红色、粉色和紫色这些看起来不协调的颜色搭配在一起，反而产生了有韵律的画面效果，因为它们有相似的生长方式和外形，或许还有的搭配是源于相关联的亮度和花开的颜色。

## 久负盛名

许多亚洲式庭园植物有着长达千年的文化史，早在古代王国就有一些植物颇为盛行，很受宠爱。特别是玉兰，以其自然妩媚的身姿被视为尊贵，其他植物像牡丹、山茶也被广泛培育，花形越丰满，植物越有价值，直到今天植物品种的多样性仍使我们受益。如果您把绣球和灌木搭配，会很快发现，欧洲庭园的宠儿很多是亚洲植物，搜集这些可以赋予您灵感，然后独立寻找自己喜欢的、又适合庭园方案的亚洲式植物。

亚洲百合香气浓郁，是园之瑰宝

# 典型的亚洲植物

## 1 日本杜鹃
*Rhododendron in Sorten (Ericaceae)*

多姿多彩的日本杜鹃是现代亚洲花园中的经典植物，现代庭园也几乎都能看到它俏丽的身影。常绿灌木中杜鹃花属种类非常丰富，拥有密集的分支，生长缓慢，甚至十年后只有50厘米高。在日本，人们特别欣赏久留米杜鹃花，20世纪初从日本九州岛传入欧洲。照片中野深红品种仍然被使用。

## 2 日本樱花
*Prunus in Sorten (Rosaceae)*

日本樱花和李属其他代表植物在园林植物中享有很高的声誉 。其中最壮观的树木之一、重要的品种"Tai Haku"，是非常大的纯白色花的品种，被称为日本天皇樱花。在日本，不再允许专业人士来研究这个宏伟物种的起源。较小的品种往往开花较早，并不需要太多的空间。

## 3 山茶
*Camellia in Sorten (Theaceae)*

美丽的花朵带来春天的灵感，山茶产于中国和日本，常用于庭园及室内装饰，有很多耐寒品种，非常寒冷的气候下，在有一定庇护的庭园生长状况更好。地栽比盆栽耐寒能力强，在中国华北、东北、西北等寒冷地区，需要进行温室栽培。

### 4 玉兰
*Magnolia in Sorten (Magnoliaceae)*

木兰属的植物是亚洲最重要和最壮观的春天开花树木之一。常见的有灌木紫玉兰、乔木白玉兰、由紫玉兰和白玉兰杂交得来的二乔玉兰有较多变种和品种，开花十分绚丽多姿，在各类庭园中普遍栽培，可以在特定的位置上展现美丽如画的形象。人们特别珍视开花较迟的玉兰。

### 5 日本枫树
*Acer in Sorten (Aceraceae)*

枫树和其他槭树科树种是大多数日本庭园中最重要的观赏树林，有大量的变种和品种。枫树生长缓慢，甚至需要几十年才能达到4米以上的高度。槭树科几乎所有的树种都可以在秋天展现令人震撼的色彩，应该成为每一个花园的一部分，在小型庭园更是不可或缺。

### 6 开花山茱萸（四照花）
*Cornus kousa in Sorten (Cornaceae)*

山茱萸是在春末开花，然后出现四个显眼的白色到粉红色的花瓣状总苞片包围近球形的头状花序，紫红色的果实看起来像秋天的野草莓。白色总苞片覆盖了整棵树，是一种美丽的庭院观花树种。

# 常绿杜鹃

**1** "麒麟"日本杜鹃
*Rhododendron 'Kirin' (Ericaceae)*

开花：初夏开花，珍珠粉红色　高度：可达1米

　　这是一种半常绿杜鹃，秋季会部分落叶。开花前的蔓延生长和盛开的杜鹃花形成美丽如画的景象。该品种属于久留米杜鹃花，在1919年由著名植物收藏家艾恩斯特·威尔森从日本引进欧洲。该品种喜光，在阳光下绽放更加美丽丰富，在园林应用中可以与石头相结合，美丽动人。

**2** "粉红"钻石杜鹃
*Rhododendron 'Diamant rosa' (Ericaceae)*

开花：初夏开花，浅粉色　高度：可达40厘米

　　钻石杜鹃拥有不同的颜色，相互结合起来非常好看。在严冬季节枝叶可能遭受冻害，因此，在花园中稍微有庇护的地点生长状况更好。酸性基质和适当施肥对杜鹃的生长很重要，可以防止树叶变黄。

**3** "Vuyk's Scarlet"日本杜鹃
*Rhododendron 'Vuyk's Scarlet' (Ericaceae)*

开花：初夏开花，鲜红色　高度：50～80厘米

　　这是常绿杜鹃花中的一个主要的欧洲杂交品种。花约5厘米大，略呈波浪状的边缘。植物生长紧凑，拥有美丽光滑的叶子，在秋天可以变成更加诱人的颜色，使树叶保持良好。

**4** "白" 钻石杜鹃

*Rhododendron* '*Diamant weiß*' *(Ericaceae)*

开花：初夏开花，白色　高度：可达40厘米

　　起源于欧洲的钻石杜鹃是非常密集和低矮的灌木，叶片较小。在盛花期，由于分枝繁多、花形硕大饱满，使人很难看出枝和叶，因此十分受欢迎。应该三五成群紧密种植，保持界面的紧凑。

**5** "蔷薇花蕾" 日本杜鹃

*Rhododendron* '*Rosebud*' *(Ericaceae)*

开花：初夏开花，粉红色，重瓣　高度：可达1米

　　来自北美，经过精心培育，现在已经产生了一些有价值的品种，可以丰富亚洲庭园的景观。枝条长大后向旁边远远伸出，植物形体较松散，因此，在自然场景中应与其他植物相结合。在阳光较多的地方进行种植，可以延长开花时间。

**6** "*Shiryu no homare*" 日本杜鹃

*Rhododendron* '*Shiryu no homare*' *(Ericaceae)*

开花：夏季开花，玫瑰红色　高度：可达80厘米

　　这种杜鹃花蜘蛛状的花瓣明显超出了叶片。它属于小月的杜鹃花，在德国迄今为止鲜为人知。在日本，这些美丽的植物生长了几百年。在温暖的夏天充分生长，可以增强耐寒性。为了安全越冬，可以在无霜的房间利用陶盆种植。

# 落叶杜鹃

### ■ "芙蕾雅"根特杜鹃
*Rhododendron 'Freya' (Ericaceae)*

开花：初夏开花，浅粉　高度：1.5米

　　这种落叶杜鹃开花丰富，繁花似锦。柔和的浅色花朵有微黄色的底色，在阴凉的地方十分闪耀显眼。根特杜鹃因为颜色看起来比许多现代品种更自然，再次成为时尚新宠。

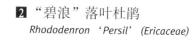

### ■ "碧浪"落叶杜鹃
*Rhododenron 'Persil' (Ericaceae)*

开花：初夏开花，白色夹杂黄色　高度：1.5米

　　最流行的白色落叶杜鹃花的品种之一。极富对比表现力的鲜明金黄色斑的花朵闪耀着光辉。单朵花的直径可以达到7厘米。由于植物分枝极不规则，群植可以获得更好的种植效果。

### ■ 羊踯躅（黄杜鹃）
*Rhododendron mollis (Ericaceae)*

开花：初夏开花，亮黄色　高度：可达2米

　　它富丽堂皇，枝条繁多，产生了众多的杂交品种。拥有野性的形状，散发浓烈的香气，可以大量群植作为花坛背景。在较阴凉的地方，叶片会显现明亮的黄色，到秋季变为橙色。

## 4 "黄金交响曲"落叶杜鹃
*Rhododenron 'Goldsinfonie' (Ericaceae)*

开花：初夏开花，橙黄色　高度：1.2米

　　一个颜色非常漂亮的新灌木品种，在晴朗的天气，花朵出现在高大乔木阴影区下，像金黄色的球。该植物由浅杏黄色、橙色发展成为美丽的金黄色。花朵非常大，可以与常绿杜鹃花杂交种植的花相媲美。其边缘略呈波浪状，可以生长形成直立宽阔的灌木丛。

## 5 屋久岛杜鹃
*Rhododendron yakushimanum (Ericaceae)*

开花：晚春开花，粉白色　高度：可达1米

　　这是一个野生高山品种，习惯暴露于充足的阳光下，树叶银色的表层可以避免阳光灼伤叶面。非常规则的半球形长势，叶色与石头相协调，特别适合用在岩石花园中。五月初，花在萌芽状态时为粉红色，盛开后改变为纯净的白色。该植物的根系很发达，较为耐干旱。

## 6 萨福杜鹃
*Rhododendron 'Sappho' (Ericaceae)*

开花：夏季开花，白色夹杂栗棕色　高度：可达2.5米

　　最美丽的大花杜鹃花品种之一，它有一个松散开放式的外形，几乎分布于所有的亚洲花园。该植物作为在西方流行的一个花色品种，可以很容易地融入自然主义的花坛中。萨福是英国著名的树木学校"Waterer & Sons"一个有历史意义的育种。

# 观赏樱花

### 1 阿龟樱
*Prunus 'Okame' (Rosaceae)*

开花：冬春之交开花，艳粉色　高度：可达4米

　　这是一种经过培育的直立生长、分枝非常丰富的小乔木。粉红色的花朵，开花时十分壮观，凉爽的天气可以延长花期。该品种由柯林伍德·英格拉姆育成，和品种"Kursar"非常类似，阿龟樱与富士樱搭配在一起非常美丽。

### 2 新娘樱
*Prunus incisa 'The Bride' (Rosaceae)*

开花：春天开花，白色，花蕾珍珠色　高度：3～4米

　　新娘樱是一种分枝很密集的种类。在早春开花，叶子精细柔美，植株非常健壮，可以适应干燥的沙质土壤。

### 3 关山樱
*Prunus serrulata 'Kanzan' (Rosaceae)*

开花：春天开花，粉色，重瓣　高度：5～8米

　　樱花中最受欢迎的品种之一。随着年头的增长，花朵的开放与新出现的蔓延的枝条需要较大的空间。秋天的红色和橙色树叶形成让人惊叹的美丽景象。和其他一些大型开花的樱花一样，适当地进行修剪可以促进更多新枝的形成。

## 4 褒奖樱
*Prunus 'Mount Fuji' (Rosaceae)*

开花：春天开花，纯白色品种，单瓣或半重瓣　高度：3～5米

　　樱花中一个最美丽的白色品种，花形非常大，拥有愉悦的香味，花梗很短，茂密的团簇生长在树枝上。树枝略悬垂、分散。相比其他樱花，褒奖樱开花更加繁茂。花期与品种"Kanzan"相近。它往往与品种"章月"混淆，但"章月"不是纯白色的花朵。

## 5 富士山樱花
*Prunus 'Shogetsu' (Rosaceae)*

开花：春天开花，白色至嫩粉红色，重瓣　高度：3～4米

　　悬垂的枝条和平面的树冠如诗如画，这个品种适合种植在小型花园，可以形成遮住座椅的花荫。花蕾是明亮的粉红色，盛开时褪色转变为珍珠白，花开迟于大多数其他品种。

## 6 "Shogetsu"樱花
*Prunus 'Accolade' (Rosaceae)*

开花：春天开花，粉红色，半重瓣　高度：可达5米

　　由日本早樱和日本晚樱杂交获得，综合双方的优点。它的花期非常早，单花约4厘米大，刚开放时是鲜艳的粉红色，后褪色发白。松散的枝条使得树枝上盛开的花朵像一团巨大的粉红色的云。这是最美丽的观赏樱花，同时拥有美丽的颜色。

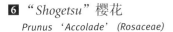

# 日本枫树

**1 "红矮人"鸡爪槭**

*Acer palmatum 'Red Pygmy'* *(Aceraceae)*

开花：春天开花　高度：2.5米

　　这种带叶柄的植物属于线性叶组，所以彼此非常相似，可以耐受比其他组更多的太阳。植物外形高宽几乎一样，叶子在夏季呈现紫褐色，可以与较浅的品种完美结合，颇有韵律感。

**2 "乌头叶"鸡爪槭**

*Acer japonicum 'Aconitifolium'* *(Aceraceae)*

开花：春天开花　高度：2.5～4米

　　亚洲花园中最有名的枫树，生长相当缓慢，在良好的位置上生长超过十年之久也只接近2米高。秋天的颜色是神秘的紫色和红色。植物外形宽大于高。

**3 红枝鸡爪槭**

*Acer palmatum 'Sango kaku'* *(Aceraceae)*

开花：春天开花　高度：2.5～5米

　　鲜红的树枝在冬天的雪地上分外妖娆，是非常突出的点缀，所以被称为"珊瑚塔"。树叶中绿色和红色的花蕾非常醒目地一字排开，分枝十分漂亮。秋天的颜色以黄色和橙色为主。

**4** "深红细叶"鸡爪槭

*Acer palmatum 'Asahi zuru' (Aceraceae)*

开花：春天开花　高度：2.5～4米

　　这个物种有趣的斑驳陆离的叶子趣味十足，特别是在萌芽状态的叶片表面有白粉，呈现粉红色或淡红色，自发地形成最终明显的形式卷曲、色彩强烈的部分。种植点应该在半萌处，在阳光直射下树叶会被灼伤。植株直立，生长繁茂，第一年就可以展现赏心悦目的颜色和紧密的叶片。

**5** 金叶鸡爪槭

*Acer shirasawanum 'ornatum' (Aceraceae)*

开花：春天开花　高度：1.5～3米

　　一个非常古老的品种，在夏季叶子呈现青铜色和暗色调的红色，秋天的叶片是鲜艳的橙色。虽然该品系具有水平悬垂枝，但生长缓慢，20年后高度才可以达到2米。通过仔细地修剪，可以拉出植物的平面形状，经过日晒随后显示出最佳的色彩。

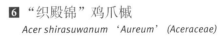

**6** "织殿锦"鸡爪槭

*Acer shirasuwanum 'Aureum' (Aceraceae)*

开花：春天开花　高度：1.5～4米

　　在春天，它绚丽的叶片非常引人注目。叶面深裂，小于日本枫树，必须避免阳光直射。可以照到早晨太阳的地方有利于植物生长。该植物的生长比较直立，缓慢，形体松散。像所有的枫树一样，对排水欠佳和重型土壤敏感。

# 绣球花

**1** "*Stellata*" 泽绣球
*Hydrangea serrata* 'Stellata' (Hydrangeaceae)

开花：夏季开花，粉红色　高度：可达1.5米

　　在20世纪90年代初，这种不寻常的物种在法国科琳娜马利特被发现。花朵呈现一种特殊的外观，与烟花系列相似，但是各个部位较大。适合种在花园中心，也可以作为盆栽。该品种由于其精致的大型花序，更适合亚洲花园。

**2** "麦嘉轩"大叶绣球
*Hydrangea macrophylla* 'Ayesha' (Hydrangeaceae)

开花：夏季开花，粉红色至淡蓝色　高度：可达1米

　　绣球花的一个不同寻常的种类，近距离才可以发现它们的独有外观。苞片远远高于其他品种，形成较小弯曲的勺子形。适当施肥和酸性土壤可以形成更加明显的蓝色。

**3** "*Akabe yama*" 泽八仙
*Hydrangea serrata* 'Akabe yama' (Hydrangeaceae)

开花：夏季开花，白色至粉红色　高度：80厘米

　　生长非常紧凑和紧密的窄叶绣球。粉红色的花开始发白，然后变暗。树叶在阳光下形成一个非常暗的、紫铜色浓烈的色调。该植物于1995年在韩国首次推出。

**4 （蝶萼绣球）高山藤绣球**
*Hydrangea aspera Kawakamii-Gruppe*
*(Hydrangeaceae)*

开花：夏季开花，紫粉色  高度：2米

　　这引人注目的优雅的绣球，形成一个大型的天鹅绒般的阔叶大灌木。它开花比同类绣球晚了将近一个月，因此市场需求量很大。适合生长在阴凉的地点，不耐干旱。花序大小超过馅饼盘。

**5 "红"泽八仙**
*Hydrangea serrata* '*Kurenai*' *(Hydrangeaceae)*

开花：夏季开花，白色  高度：可达1米

　　这是最正宗的日本泽绣球。外形稍微瘦高，分枝松散。夏末，这种高贵美丽的粉红色花朵褪色，着色更轻微。

**6 "清澄"泽八仙**
*Hydrangea serrata* '*Kiyosumi*'
*(Hydrangeaceae)*

开花：夏季开花，奶白色附带红色边缘  高度：可达80厘米

　　一个不寻常的品种，该植物是真正的矮化绣球。白色花瓣拥有一种微妙的茶色，接近天竺葵红色至粉红色的下摆。暗绿色的叶子具有红褐色光泽。它是体积较大的品种之一，酷似"Love You Kiss"品种，非常耐寒。

# 芍药，牡丹

## **1** 牡丹
*Paeonia Cultivar 'Bartzella' (Ranunculaceae)*

开花：盛春、初夏开花，金黄色　高度：大约90厘米

　　花朵直径可达25厘米，柠檬香味的金黄色花朵显得落落大方。半重瓣的花朵稳固地立于枝头上，可以承受骤雨。明亮的叶子可以保持到秋天。花期略超过六个星期。

## **2** "*Immaculée*" 芍药
*Paeonia lactiflora 'Immaculée' (Ranunculaceae)*

开花：初夏开花，纯白色　高度：大约80厘米

　　纯白色的外层花瓣盛开后，中心狭窄花瓣的奶油色将很快消退，形成一种清晰的白色。花有香味，并且可以长时间保持优雅丰盈的样子。它的叶面不会受到真菌病害的影响，并一直持续到深秋。像所有的芍药一样，深秋是补种的最佳时机。

## **3** "*Hari Ai Nin*" 芍药
*Paeonia lactiflora 'Hari Ai Nin' (Ranunculaceae)*

开花：初夏开花，火红色　高度：将近100厘米

　　该品种具有暗红色的花朵，较宽的鲜红色外层花瓣环绕中间狭窄的小型花瓣。狭窄花瓣中点缀金色的花蕊。在萌芽状态叶片颜色较深，并在春季呈现紫色，在秋天变成鲜艳的红色。

## 4 芍药
*Paeonia lactiflora 'Do Tell' (Ranunculaceae)*

开花：初夏开花，嫩粉红色　　高度：80～90厘米

　　开花非常自由，紧凑的成长，协调的色彩，多种微妙桃色和紫色为低沉的阴天带来活力和生气，经受不断变化的天气条件，成长得一尘不染。叶子是深绿色，闪耀着光芒，在秋天变成红色。

## 5 川赤药
*Paeonia veitchii (Ranunculaceae)*

开花：盛夏开花，紫红色　　高度：50～70厘米

　　一种极具魅力的野生芍药。近10英寸宽的单花是紫红色的。一个茎上若干朵花逐个开放。该物种起源于中国，逐渐树立起自身的卓越地位。土壤不宜过沙，在黏土中生长非常好，寿命很长。根系在秋末质量最好。通常情况下，这些植物的花最早将在次年春天开放。

## 6 "正午"黄牡丹（滇牡丹）
*Paeonia lutea 'High Noon' (Ranunculaceae)*

开花：初夏至盛夏开花，嫩黄色　　高度：150厘米

　　该植物是一种灌木，其芽在冬季仍然高于地面，只有秋季落叶。中型、半重瓣、淡柠檬黄色的花朵生长超过六到八周，春天健壮的植物上可以看到漂亮的芽。有时在盛夏零星开花。树丛的阴影处是种植的理想位置。

213

# 常绿灌木

## 1 青木
*Aucuba japonica (Cornaceae)*

开花：春季开花　高度：可达2米

　　青木产于东亚，可以在非常阴凉的地方茁壮成长，通过剪枝可使其生长茂密。小枝绿色，粗壮，花单性异株，果实红色。青木为良好的耐阴观叶、观果树种，宜于配植在林下及阴凉处，也可盆栽供室内观赏。

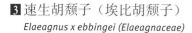

## 2 间型十大功劳
*Mahonia x media (Berberidaceae)*

开花：冬季、早春开花，黄色，芳香　高度：可达2米

　　间型十大功劳是最引人注目的花园灌木之一。间型十大功劳的花朵丰富，强烈的芳香仿佛山谷的百合花。在初花期，受庇护的种植是至关重要的。在干燥阴凉处，该植物可以茁壮成长。图中所示的是品种"Charity"，高达30厘米长，直立。

## 3 速生胡颓子（埃比胡颓子）
*Elaeagnus x ebbingei (Elaeagnaceae)*

开花：秋季或者春季开花，不易引人注意，芳香　高度：可达4米

　　产自亚洲，自由生长的灌木，叶子灰绿色，只有在光照充足的位置才能枝繁叶茂、适宜修剪。花开不醒目，在叶片下面，散发甜香。历经数年后枝条可长到几米长，可以像攀爬植物一样带给人激情。来年5月份果实成熟，果熟后呈红色，形美色艳。

## 4 日本马醉木
*Pieris japonica (Ericaceae)*

开花：春季开花，白色，芳香　高度：可达2米

　　杜鹃花科灌木如杜鹃花，喜富含腐殖质的酸性土壤。株形优美，叶片色彩诱人，密生壶状小花，悬垂性，花冠白或白绿，蒴果球形，花叶观赏价值极高，是庭园中常见的常绿灌木，前景广阔。喜湿润、半阴环境，怕强光暴晒，耐寒。

## 5 红叶石楠
*Photinia x fraseri 'Red Robin' (Rosaceae)*

开花：春季开花，奶白色　高度：可达3.5米

　　红叶石楠是时下最流行的常绿灌木，春末叶色呈暗红色；嫩枝、新叶均呈鲜红色，秋叶萌发，再次呈鲜红色。它有很强的适应性，耐低温，有一定的耐盐碱性和耐干旱能力，适宜种植在阳光明媚的半阴凉的位置，但在直射光照下，色彩更为鲜艳。红叶石楠生长速度快，萌芽性强，株形紧凑，耐修剪，可根据园林需要栽培成不同的树形。

## 6 齿叶冬青
*Ilex crenata (Aquifoliaceae)*

开花：春季开花　高度：可达1.5米

　　多枝常绿灌木，喜阳也喜半阴，在亚洲通常作为修剪成形的树丛来使用。树皮灰黑色，幼枝灰色或褐色，具纵棱角，密被短柔毛，可以替代黄杨使用，但是不耐旱也不耐高温。在冬季和冬青属植物与修剪成形的杜鹃带给人温馨欢愉之感，"Stokes"和"Golden gem"是生长密实的品种。

# 松树及其他针叶树种

## ❶ 日本扁柏
*Chamaecyparis obtusa* 'Verdon' (Cupressaceae)

针叶：叶小，新梢较软，黄绿色　高度：可达1米

　　常绿乔木，较耐阴，喜温暖湿润的气候，喜肥沃、排水良好的土壤，抗性强，抗雪压，抗强风，抗冰冻，可作园景树、行道树、树丛、绿篱。在柏树无数的品种中，小的品种永远会被需要。"Verdon"，有时也被称为"Verdonii"，此品种有扇形扭曲芽和松散的枝叶。它直立生长形成不规则的锥形。类似的品种是"Nana Aurea"。

## ❷ 日本柳杉
*Cyptomeria japonica* (Taxodiaceae)

针叶：叶小，绿色　高度：可达20米

　　日本柳杉是在亚洲森林中最常见的树木，在欧洲较少看到。在原产国日本被广泛种植于庙宇及神社内，而且长成为数甚多的参天巨木。它们很容易生长，在充足的光线下或者其他多年生植物地面都可以理想地生长。略耐寒，畏高温，忌干旱，适生于深厚肥沃、排水良好的沙质壤土。该物种的快速生长期在青年阶段，另外拥有许多矮化品种。

## ❸ "Thunderhead"黑松
*Pinus thunbergii* 'Thunderhead' (Pinaceae)

针叶：叶长，深绿色　高度：可达1.5米

　　以生长密实和罕见的苔藓绿叶色引人注目，这种紧凑型生长方式形成或多或少球形锥体的灌木丛。和所有的松树一样，喜欢充足的阳光和排水良好的沙质土壤。在冬天，萌发产生近白色的地上部嫩芽，让人振奋。

4

## 4 “黄金”黑松

*Pinus thunbergii ‘Ogon’ (Pinaceae)*

针叶：叶长，黄色和绿色　高度：可达5米

奇怪的形状，芽的颜色让人联想起了龙的眼睛。生长不稳定，有时甚至显得怪异。避免非常炎热的地方，以免针叶被灼伤并变褐色而失美感。和一个比较有名的品种“Oculus Draconis”相似，必须近距离观看辨别。

## 5 圆柏

*Juniperus chinensis (Cupressaceae)*

针叶：叶短，有刺鼻味道，蓝绿色　高度：可达10米

圆柏生长直立，外形呈柱状，喜阳光。在店里可以买到黄色或蓝色针叶的圆柏，有些圆柏颇有几分文化气息，自由生长的圆柏最为漂亮，由于生长均衡缓慢，不必修剪。

5

6

## 6 伞松（日本金松）

*Sciadopitys verticillata (Taxodiaceae)*

针叶：叶长而宽阔，亮绿色　高度：可达10米

常绿乔木，因其轮状聚伞花序而得名，锥形生长，树龄老时会变宽。只有一属一种，是单种科，生长在日本，是一种比较珍贵的观赏植物，很适宜与杜鹃搭配在一起。喜酸性土壤，否则针叶会变得淡绿或发黄。

# 落叶树木

## 1 野茉莉
*Styrax japonica (Styracaceae)*

**开花**：夏季开花，白色　**高度**：可达4米

　　这是一种大型灌木，它颇具吸引力不仅是因为外形松散，还因为繁茂的如珍珠般的白花。它的果实呈绿色，喜半阴，耐寒，适宜生活在酸性土壤中。由于小型庭园空间受限，不适宜栽种乔木，野茉莉可以用于其中。

## 2 连香树
*Cercidiphyllum japonicum (Cercidiphyllaceae)*

**开花**：春季开花　**高度**：可达10米

　　落叶乔木，树型高大，需要较大的生长空间。灰色或棕灰色树皮；圆形的叶子对生，基部为心形，边缘呈锯齿状，掌状脉；春季雌雄异株的单性花先叶开放，没有花瓣，秋季散发香气的落叶让人想起蛋糕的味道，是深受喜爱的庭园树木。

## 3 毛泡桐
*Paulownia tomentosa (Scrophulariaceae)*

**开花**：春天开花，淡蓝色至蓝紫色　**高度**：可达12米

　　幼龄毛泡桐叶片直径可以达到半米，到开花时叶子才变小，但仍不失观赏价值，四月间盛开簇簇蓝紫花，清香扑鼻。它第一年长得很快，需要生长在光照充足的地方，以使嫩枝能够足够成熟。生性耐寒耐旱，耐盐碱，耐风沙，对气候的适应范围很大，高温38℃以上生长受到影响，绝对最低温度在－25℃时受冻害。

**4 柿**

*Diospyros kaki (Ebenaceae)*

开花：春天开花，浅黄色　高度：可达4米

　　这种亚洲果树适于生长在温和的地区，它的长势让人想起苹果树。由于果实成熟晚，需要长的夏季，在秋天柿树的颜色非常秀美。柿为深根性树种，对土壤要求不严格，在微酸、微碱性的土壤上均能生长；也很耐潮湿，但以深厚肥沃、排水良好而富含腐殖质的中性壤土或黏质壤土最为理想。

**5 南天竹**

*Nandina domestica (Berberidaceae)*

开花：夏季开花，白色　高度：可达2米

　　直立，少分枝，以其精美的叶子引人关注。夏季开白色花，大型圆锥花序顶生，花小，白色；浆果球形，鲜红色，宿存至翌年2月，常绿灌木。

**6 红脉吊钟花**

*Enkianthus campanulatus (Ericaceae)*

开花：春季开花，奶白间红色　高度：可达2.5米

　　红脉吊钟花开花含蓄，有着与众不同的美，当其他灌木一片繁花吸引眼球的时候，它还不在其中。它长势松散，单枝常常分层生长很是显眼，到了秋季红黄色的叶子很有魅力。在半阴的位置，种植在高的树丛下面很理想，也可以单株植于内院。

# 开花——浆果灌木

### **1** 湖北花楸（雪压花）
*Sorbus hupehensis (Rosaceae)*

开花：春季开花，白色　高度：可达3米

　　这种小树生长枝繁叶茂，叶子呈雅致的羽状。它的特点在于紫色的茎和粉色、白色的果实形成对比，秋季呈现华丽的橙红色。

### **2** 老鸦糊（丰果紫珠）
*Callicarpa bodinieri var. giraldii (Verbenaceae)*

开花：夏末开花　高度：可达2.5米

　　产自中国，与众不同的浆果颜色是其最重要的特色，叶子在秋季阳光充足时十分妖娆。闪亮的紫色果实可以长时间立于枝头，只有在不好的天气才会被鸟儿啄食。

### **3** "雪白"皱皮木瓜（"纯白"贴梗海棠）
*Chaenomeles speciosa 'Nivalis' (Rosaceae)*

开花：春季开花，纯白色　高度：可达2米

　　健壮的开花灌木，在冬季时已有少数开花。长势茂密，在光照充足时开花最旺盛，并因花色纯白而显得珍贵。适合与常绿灌木搭配，也适合一枝独秀，自成画面。

## 4 红山紫茎
### *Stewartia pseudocamellia (Theaceae)*

开花：夏季开花，白色　高度：可达5米

　　它有很多优点：长势松散，枝条高耸，开花较迟，植株形姿优美，开花极具魅力，在秋季颜色艳丽，树皮也很漂亮。适宜生长在偏酸黏性土壤中，喜半阴。

## 5 穗序蜡瓣花
### *Corylopsis spicata (Hamamelidaceae)*

开花：冬春之交开花，黄色　高度：可达2米

　　因开花早而引人注目。产自日本，适宜长在碱性土壤，喜半阴。要避免极冷的环境温度，低于﹣80℃难以顺利越冬。

## 6 垂枝梅
### *Prunus mume 'Beni shidare' (Rosaceae)*

开花：冬春之交开花，亮粉红　高度：可达3米

　　大型灌木，早春开花，先花后叶；可与苍松、翠柏配植于池旁、湖畔或植于山石崖边、庭院堂前，极具观赏性。深根性，喜光，抗寒，种子有甜味儿。

# 攀爬植物

### 1 白花紫藤
*Wisteria sinensis 'Alba' (Fabaceae)*

开花：春季开花，纯白　高度：可达12米

高贵的藤本植物，有香气，可以沿墙或凉亭攀爬生长。紫藤由植物收藏家爱恩斯特·威尔森在20世纪初引入欧洲。

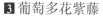

### 2 钻地风
*Schizophragma hydrangeoides 'Roseum'*
*(Hydrangeaceae)*

开花：夏季开花，奶白至淡粉色　高度：可达8米

来自日本，和藤本绣球同属依附类藤本植物，会依附在物体上生长。这些藤本植物会把它们的气根扎进实心墙或树木上细小的缝隙之中。花型较藤本绣球大一些，不结果实。

### 3 葡萄多花紫藤
*Wisteria floribunda 'Macrobotrys' (Fabaceae)*

开花：春季开花，蓝紫色　高度：可达8米

这种紫藤长出的嫩枝仿佛指示着时针方向，总花序长度超过一米，需要相应的大空间来展示风采。它适宜生长在桥边，给桥形成一个美丽的垂帘，给人亦真亦幻的美妙感受。

## 4 花叶地锦
*Parthenocissus henryana (Vitaceae)*

开花：夏季开花　高度：可达4米

　　图片上的是花叶地锦中很漂亮的一种。叶子如同五个分开的手指，叶脉呈银白色，叶边缘棕红色，在半阴的位置显得最漂亮。它也是植物收藏家爱恩斯特·威尔森发现并从中国引入欧洲的。

## 5 狗枣猕猴桃
*Actinidia kolomikta (Actinidiaceae)*

开花：春季开花，白色　高度：可达5米

　　天生兼有白色和粉色，彩色的叶子让它先声夺人。幼株的叶子起先是绿色的，开白花，有香气，因为它是雌雄异株，极少结果。半阴的位置最适宜其生长。

## 6 藤绣球
*Hydrangea anomala ssp. petiolaris (Hydrangeaceae)*

开花：夏季开花，奶白色　高度：可达12米

　　半阴或阴凉的位置最受攀爬植物的欢迎。它的生长能力旺盛而且不需要攀爬支架，香气怡人。可以生长在树的旁边，开花集中在植物的上面部分。通过修剪侧枝，整个形状可以变得较平。

# 多年生耐阴植物

### 1 黄斑大吴风草
*Farfugium japonicum (Asteraceae)*

开花：夏季开花　高度：20～30厘米

虽然它的知名度还不是很高，却是最具魅力的喜阴亚灌木之一。在日本有几个品种以其画一般的叶子而深受人们喜爱，较耐寒。

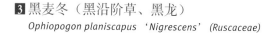

### 2 "宝塔"鬼灯檠
*Rodgersia podophylla 'Pagode' (Saxifragaceae)*

开花：夏季开花，白色　高度：80～130厘米

这是日本和韩国生长的一种植物，由德国著名的灌木栽培专家爱恩斯特·帕格斯培育而成。叶子如同青铜颜料，到秋季又变成酒红色。叶形大，茎较高。喜半阴，对土壤含水量要求较高。

### 3 黑麦冬（黑沿阶草、黑龙）
*Ophiopogon planiscapus 'Nigrescens' (Ruscaceae)*

开花：夏季开花，粉白色　高度：可达20厘米

整年在庭园都不打眼，叶子细长，适宜种植在松散的腐殖土中，以获取良好的营养供给。夏季开花，然后结出黑色的浆果。生长环境不宜太干燥。

## 4 "旋风"玉簪
*Hosta 'Whirlwind' (Liliaceae)*

开花：夏季开花，淡紫色　高度：35厘米

　　叶长可达15厘米，叶子黄中带白，强烈地打着旋。叶子的边缘宽而绿，占去整个叶面的2/3，叶脉呈现清晰的浅绿色。叶子健壮，组织结构固定，较其他多色的玉簪更能忍耐光照。

## 5 "记得我"玉簪
*Hosta 'Remember Me' (Liliaceae)*

开花：夏季开花，淡紫色　高度：30厘米

　　最漂亮的中型玉簪之一。根据光照情况不同，叶子颜色从奶油色到浅金黄色不一，叶子边缘呈现深浅不一的蓝绿色，在背光处叶子的特色更加明显。适合盆栽或与纯色植物搭配。

## 6 唐古特大黄
*Rheum palmatum var. tanguticum (Polygonaceae)*

开花：初夏开花，红间白色　高度：可达2米

　　这种观赏大黄是最具庄重之气的亚洲灌木之一，喜半阴。在湿润和营养丰富的土壤中生长繁茂。新叶呈桃木红色，开花时高达2米，气势恢宏。

# 开花地被

**1 水棉花**
*Anemone hupehensis fo. alba (Ranunculaceae)*

开花：盛夏、初秋开花，乳白色　高度：90～130厘米

开花持续数周，除了乳白色，还有粉色和紫色花。喜半阴，在黏土条件下也喜阳，通常在年初栽种。

**2 "紫晶"玉蝉花（紫花鸢尾）**
*Iris ensata 'Amethyst' (Iridaceae)*

开花：盛春开花，紫色　高度：大约90厘米

玉蝉花绝对是典型的亚洲庭园植物。自春季到花开之后这段时间需要在水中生长——靠近溪流或水塘，随后需要干燥的土壤环境。喜酸性土壤、喜阳，花开华美艳丽。它品种繁多、纹理清秀、花色变化丰富，有莹白、紫色或蓝紫色，颇具浪漫情调。

**3 矮生落新妇**
*Astilbe chinensis var. pumila (Saxifragaceae)*

开花：盛夏、初秋开花，淡紫色　高度：大约30厘米

这种匍匐生长的植物到盛夏时节从分开来的漂亮叶子中生出花来。在阳光充足、适度干燥的土壤中长势良好，可布置在岩石花园中。

**4** "*Lacy Marionette*" 萱草
*Hemerocallis* '*Lacy Marionette*'

开花：初夏、盛夏、夏末开花，黄色花　高度：90厘米

　　萱草绝对属于易于养护的地被植物，它花形大小不一、开花颜色众多，喜阳，叶子细长而弯曲。它们呈束状松散生长，茎挺直。

**5** 卷丹（虎皮百合）
*Lilium lancifolium* '*Splendens*'

开花：盛夏开花，橙色花　高度：可达120厘米

　　成熟季节每个茎上可以先后开花达30朵之多，使得花期延续五周之久。它通过叶腋里的球茎繁殖，茎于秋季凋落，在地里扎根。

**6** 台湾油点草
*Tricyrtis formosana* '*Dark Beauty*'

开花：初秋、仲秋开花，白花带粉红斑点　高度：50～70厘米

　　它开花很有异域风情，外形柔弱，实际上很健壮，在庭园有多种用途。最好在半阴处种植，土壤不宜过于干燥，酸性和松散的土质最适宜。花期长达五周，耐寒能力强，不受周围快速生长植物的影响。

# 竹、草和蕨类

## **1** 芒
*Miscanthus sinensis (Poaceae)*

开花：夏末初秋开花，蓝粉色　高度：可达2.5米

　　芒是有名的庭园草，在光照充足的条件下，它挺直的外形与单个树丛搭配，能在花坛展示出独特的风采；加上花开较迟更显价值，即便在冬季，干枯的秸秆也独有魅力。

## **2** 日本蹄盖蕨（日本彩虹蕨）
*Athyrium niponicum 'Metallicum' (Woodsiaceae)*

叶子：银灰色　高度：可达40厘米

　　日本彩虹蕨类的冷峻之美无他能敌，加上叶子特有的银色和形状让人瞩目。在庭园较阴处和玉簪搭配在一起非常和谐，还能和竹子相映成趣。避风的地方是它得以良好生长的先决条件。

## **3** 毛金竹
*Phyllostachys nigra 'Henonis' (Poaceae)*

茎：绿色　高度：可达8米

　　大型竹子是遮挡视线的很好选择，通常需要几年时间竹子才能长成。根的蔓延能力极强，要有持续的根系限制措施。耐寒，叶子呈清新的绿色，在极冷的冬季叶子也有较好的承受能力。

## **4** "光环"金色香根草
*Hakonechloa macra 'Aureola' (Poaceae)*

开花：夏季开花，蓝绿色　高度：可达40厘米

　　在较阴位置它的美是其他植物无法比拟的。拱形的茎上一簇簇柔软而紧密的叶子自成风景，与石堆组合形成梦幻般的庭园画面。它需要营养充足的疏松土壤，水分足够的时候也较耐光照。

## **5** 矢竹
*Pseudosasa japonica (Poaceae)*

茎：细软，大叶　高度：可达4米

　　这类竹子竹冠较窄，竹秆挺直，叶形大，色深绿，姿态优美，生长密实，宜用于庭园观赏绿化。竖直生长没有斜出，适宜做视线遮挡的灌木丛。在阳光下和背阴处都长势良好，能耐严寒。

## **6** 靓竹
*Sasaella glabra f. albostriata (Poaceae)*

叶子：绿色，间黄色条纹　高度：可达50厘米

　　靓竹矮生，易于养护，可以比较理想地用于丰富植物种类。它长势浑圆密实，在阴凉处叶子的颜色非常突出，桶栽也可以较好生长。

# 词汇表

此词汇表涉及普通的、植物学的、植物和庭园的以及庭园史的专业表达和含义

**品种：** 品种的概念是来描述植物的，同一物种可以有不同的品种。

**竹子：** 竹子是巨大的草而非灌木！根据品种不同，竹子可以长到30米高，它既高大又牢固。所有的竹子都或多或少有地下的根状茎，这就决定了它的生长方式。大约有500种竹子来自中国。

**观赏庭园：** 欧洲人在这类庭园中只用很少的设施，突出强调冥想，因此常用禅庭园来表达。环绕苔藓岛屿的岩石和醒目的松树是这类庭园的重要组成部分，在观赏中让人返回内心深处。砾石在这种集中的表达方式中代替水元素。

**拱桥：** 拱桥这一建筑形式可以追溯到千年以前。拱桥也是中国风景庭园典型的元素，最流行的是呈半圆形的桥，利用水中的倒影恰好形成一个圆——在中国象征天空。

**盆景：** 早在古代中国就有盆景艺术，通过精湛地修剪和种植技术，以微缩的形式表达了人和自然的元素如植物、石头、风、水的和谐关系。如今这种艺术在日本被保护得很好。

**佛教：** 起源于印度，在东亚、南亚有广泛的影响。佛学理论始于公元前五世纪的印度北部，创始人悉达多·乔答摩。佛意译"觉者"，它引导人们理解生命，释放人的精神境界。

**中式的庭园：** 早在大约3000年前中国就开始了高度发达的庭园艺术。庭园这个主题在它诞生之初就与反映自然界联系在一起。这里所讲的不是指某个植物或某种有品位的植物搭配，而是指一切整体画面的和谐。所以巨大的人工湖、各种地形地貌、岩石、充满个性的植物都同样是庭园艺术的组成部分，通过它们可以创造七大元素（天、地、石、水、建筑、道路和植物）的统一，它们会对人类有正面积极的影响。

**耐候钢：** 一种合金钢，有很强的抵御气候变化的能力，它的外表面有一层很厚的耐锈蚀氧化铁涂层，防止外界潮湿空气的入侵。

**道教：** 道教是典型的中国宗教，产生于佛教之后。道家思想的核心是"道"，认为"道"是宇宙的本源，也是统治宇宙中一切运动的法则。道教主张随其自然。

**修剪成形的树丛：** 树和灌木经人工修剪，呈现有规律的几何外形或有机的外形，在古代中国就有此技术，西方的特殊形式是大型盆景。

**种类：** 种类指互相关联的植物群，它们通过共同的特征互相联系在一起。它是植物学名称中的第一个概念。

**借来的风景：** 这个概念出自景观庭园，起源于18世纪末的英国，指所设计的庭园为周围美丽的自然风景包围。

**大盆景：** 以西方的修剪塑形方式处理单株树丛，它具有极强的表现力，适用于亚洲风格的庭园。

**赏花：** Hanami 是个日语单词，译为"赏花"。日本的传统是，每年春季都要观赏樱花并庆祝樱花节。按照地区不同，花期最长可达到几乎八周，政府会在播报新闻时预告开花时间。

**灌木丛：** 能修剪成形、也可以自由生长的有生命力的植物，它把落叶和常绿的树丛聚集在一起，在亚洲式庭园也可以由竹类组成。

**杂种：** 不同种类的植物杂交产生新的品种。

**内院：** 有遮蔽的、庭园之内的空间。它位于建筑物或建筑群与园墙之间，这里的小气候很有优势，敏感的植物比如山茶或其他异域植物如棕榈可以在此栽种。

**牡丹：** 属毛茛科，多年生落叶小灌木，木本观花植物。生长缓慢，花形大，生长方式与亚灌木相似。

**日式庭园：** 在日本庭园有许多种，比如无水庭园。百年以来日本庭园反映着一个国家的历史和文化潮流，从这个角度说，它比欧洲庭园有更深层的寓意。每个日式庭园都能使到访者获取许多经验：在园中看和听，同样重要的还有感受以及冥想。比如道路上有不平整的石头和各式各样的涂层，能唤起您某些方面的意识。

**无水庭园：** 赖于佛教禅的庭园传统，舍弃一味的表达植物和水，把自然景色以高度集中的形式用砾石和岩石来表达。它产生于16世纪初期，作为冥想之地，按照传统，人们可以从住宅内观赏无水庭园。

**攀爬植物：** 一年或多年生、草本的或木质化的植物，依照其茎的结构，可

以分为木质藤本和草质藤本。根据其攀爬的方式，可以分为攀缘缠绕藤本和吸附藤本，前者需要靠铁丝或木制的攀缘栅栏，后者靠吸盘附着根在墙、凉棚和亭子上生长。还有一种特殊的藤本蕨类植物，并不依靠茎攀爬，而是依靠不断生长的叶子，逐渐覆盖攀爬到依附物上，绝大部分藤本植物都是有花植物。

**樱花节**：日本的传统节日，每年春天人们赏花庆祝。

**儒教**：人们一般不把儒教作为一种宗教，孔子的学说更多地影响人们的人生哲学和社会交往。孔子生活在公元前6到5世纪交替时期，他在世时就备受拥戴，直到今天他学说中的道德准则仍是人们日常生活中的标尺。佛教、道教和儒教一起影响着日本和其他亚洲国家人们的社会生活。

**针叶树**：针叶树有针或鳞状的叶子，大多常绿，也有例外如落叶松、落羽杉。

**景观庭园**：景观庭园或风景公园，按照自然原形结合美学、建筑设计方面的想法要点而规划。

**冥想**：在许多亚洲文化和宗教里，认为冥想能够让人们达到自我认知，它是精神活动的基本形式，给人带来内心的放松。

**月亮门**：墙面上有一个圆形的出入口，它是重要的庭园元素，象征将步入另外一个世界。人在拱门中间走过，会有一种舒服的感觉。

**自然**：自然在日式和中式庭园中扮演重要的角色，它是个抽象的概念，包括一切非人工制造的现实存在。

**宝塔**：宝塔是多层的塔式建筑。每层通过各自顶部的突出部分与其他层分开，宝塔通常都是向上越来越小，在亚洲，宝塔是重要的园林装饰元素，塔内一般都供奉佛像等。

**亭子**：很久以来亚洲和欧洲的庭园就都有亭子，它有顶，是设计比较随意的建筑。日本的寺庙通常都有亭子。

**植物名称**：每种植物除了有一个普通的名字外，在不同的国家都有一个国际通用的植物学名称，这个名称包含植物的品种类别信息。

**气**：道教看来万物皆有气在其中，气是世间物质和精神的一部分，很抽象地存在于宇宙中。气也被描述成生命的能量，按照古老的中国世界观，气是恒定不变的。

**象征性清洗**：是茶艺的一个环节。主人在门口的石盆里装满新鲜的净水，事先还备好长柄勺，用来取水清洗嘴巴和手，主人做好之后，客人逐个清洗，然后进入茶舍。

**根状茎**：指水平生于地下的植物茎，形似根，可以储存养分和水分。能长出幼芽和根系，形成新植株并能使植物在地下生存多年。

**神道教**：日本固有的宗教，每天向供奉的神明祷告是神道教的一部分。

**单株植物**：这种植物特别有魅力，可以自由选择地方因而能够最优化地生长。

**夏绿**：只在植物生长期内有叶子的树丛，在春季叶子长出，到了秋季凋落。

**种类**：每一不同种类的植物有它特殊的培育方法，培育者给植物命名。标明植物的类属。

**半灌木**：具有与灌木相似外形的多年生植物，长得较灌木矮小，介于木本植物与草木植物之间。顶端在冬季枯死，来年春天长出新枝丫。

**石堆**：一种由岩石和小石块堆砌而成的艺术形式，有一定的设计风格，表达一定的象征意义。

**石灯笼**：这种设计元素最早是在寺庙的入口。在茶庭园它是指向茶舍的路标。它光线暗雅，从不与月光争宠，也不能与欧洲实用的照明观念相比较，在黄昏的时候它最显魅力。

**灌木**：灌木是没有明显主干的木本植物，植株一般比较矮小，从近地面的地方就开始丛生出横生的枝干。其主干随时间不断木质化，从而能安全越冬，生长发育并开花数年。

**茶庭园**：专为来茶舍的客人准备的，茶庭园的周边是一个专属的世界，使客人在茶艺开始前，就先感受到静心的气氛。

**茶舍**：简朴的建筑，位于茶庭园中心，是举办茶艺的地方。

**茶艺**：有宗教仪式的社会活动，主人给一个或团体客人提供茶饮和小吃，活动的目的是反省内心，有固定的、简朴的仪式。

**鸟居**：日本特有的石质或木质门，传统上是供奉神明及圣物之处入口的标识，由两根横梁和立柱组成，它可以在庭园中划分不同的区域。

**漫步庭园**：在其中由道路把不同的景色连接起来，道路不同，景色也显得不同。

**冬绿植物**：冬绿的半灌木和树丛，也叫半常绿。植物一般分为常绿和落叶两种形态，半常绿是比较少见的一个类型，它每年都长出新的叶子，在这之后，前一年或前两年的叶子才凋落。

**阴和阳**：中国古代朴素的辩证唯物主义的哲学思想，认为宇宙间任何事物都具有既对立又统一的阴阳两个方面，它们不断地运动和相互作用。这种运动和相互作用，是一切事物运动变化的根源。

**禅宗——佛教**：禅宗于公元五世纪诞生在中国，禅是智慧的学说，这种智慧不在外部，就在人的内心，通过自我调控，自我认识，把平日浮躁烦恼的心收回来，进入真实与宁静的生命。在西方人们进行抽象的模仿，把它描述成没有路的路和没门的门。

**禅庭园**：有明确的禅宗——佛教庭园传统，不只刻画植物和水，替而代之以砾石和岩石的集中形式来表达风景。禅修庭园的平整砾石被理解成冥想之用。

Published originally under the title AsiatischeGärtengestalten©2011 by
GRÄFE UND UNZER VERLAG GmbH, München
Chinese translation (simplified characters) copyright: ©2015 by BPG Artmedia
(Beijing) Co. Ltd through Mystar Agency

**图书在版编目（CIP）数据**

亚洲庭园的设计与布置 ／（德）凯普著 ； 刘晓静
译. — 北京 ：北京美术摄影出版社，2015.3
ISBN 978-7-80501-638-2

Ⅰ．①亚… Ⅱ．①凯… ②刘… Ⅲ．①庭院—园林设
计—亚洲 Ⅳ．① TU986.2

中国版本图书馆CIP数据核字（2014）第142728号

**北京市版权局著作权合同登记号: 01-2012-5346**

责任编辑：董维东
执行编辑：刘舒甜
责任印制：彭军芳

# 亚洲庭园的设计与布置

YAZHOU TINGYUAN DE SHEJI YU BUZHI

［德］ 奥利弗·凯普　著

刘晓静　译

出　版　北京出版集团
　　　　　北京美术摄影出版社
地　址　北京北三环中路6号
邮　编　100120
网　址　www.bph.com.cn
总发行　北京出版集团
发　行　京版北美（北京）文化艺术传媒有限公司
经　销　新华书店
印　刷　艺堂印刷（天津）有限公司
版印次　2015年3月第1版　2021年8月第3次印刷
开　本　210毫米×270毫米　1/16
印　张　14.5
字　数　100千字
书　号　ISBN 978-7-80501-638-2
定　价　89.00元

质量监督电话　010-58572393